NICOLE DAU

Glück ist in der kleinsten Hütte

Unser Traum vom
Tiny House

Mit 25 farbigen Abbildungen

PIPER

Mehr über unsere Autoren und Bücher:
www.piper.de

ISBN 978-3-492-06159-9
© Piper Verlag GmbH, München 2019
Abbildungen: S. 5, 9, 16: Sophia Mahnert;
sonstige Abbildungen: Nicole Dau
Satz: Kösel Media GmbH, Krugzell
Gesetzt aus der Scala und Billy Ohio Regular
Litho: Lorenz & Zeller, Inning am Ammersee
Druck und Bindung: CPI books GmbH, Moravia
Printed in the EU

Inhalt

Prolog

Zwischen Chaos und Lebensfreude

 Es ist eiskalt, windig, und es regnet. Ich versuche verzweifelt, den Kamin anzuwerfen. Doch statt gemütlich knisternder Wärme bekomme ich einen dicken Schwall Rauch ins Gesicht. Meine Augen brennen, ich huste, der Kohlenmonoxidmelder schreit los, als gäbe es kein Morgen. Zehn Quadratmeter sind eben schnell komplett verqualmt, wenn unaufhörlich Rauch nachströmt. Ich reiße die Tür auf, um den giftigen Schwaden zu entkommen. Von draußen strömt frische Luft herein. Meine Lungen freuen sich, aber dadurch wird es noch kälter in meinem neuen Zuhause. Was jetzt? Tod durch Kälte? Oder lieber durch Rauch? Eine schwere Entscheidung. Erst mal setze ich den lärmenden Melder vor die Tür. Ich weiß, da gehört er nicht hin. Es hat schließlich einen Grund, dass er gerade jetzt zur Höchstform aufläuft. Aber ich kann kaum denken bei dem Krach, und dass ich den Kamin irgendwie davon überzeugen

muss, den Rauch nach oben hinauszublasen und nicht nach unten ins Wohnzimmer hinein, das ist mir inzwischen auch ohne technische Gerätschaften klar. Höchst dilettantisch schütte ich eine Flasche Wasser in die Luke des Kamins, um die Glut zu killen. Langsam hört es auf zu rauchen. Erst gestern haben wir das Ofenrohr gereinigt. So ein verdammter Mist, wieso zieht das blöde Ding denn jetzt nicht? Ist es der Wind? Heute bläst er stark von Osten, anstatt aus südlicher Richtung wie in den Wochen zuvor. Liegt es daran? Ehrlich gesagt, habe ich überhaupt keine Zeit, mich darum zu kümmern. Ich bin schließlich gerade im Home Office und habe noch einiges an Arbeit vor mir. Das Heizungsproblem muss bis nach Feierabend warten. Hoffentlich findet sich dann eine Lösung, der Winter hat doch gerade erst begonnen. Ich wickle mir eine dicke Wolldecke um die Beine und setze mich bei geöffneter Bauwagentür wieder vor meinen Laptop. Dann schreibe ich den Artikel für den Kunden eben unter Zähneklappern fertig. Kurz, aber wirklich nur ganz kurz, wünsche ich mich zurück in die beheizten Räume meiner Stadtwohnung. Die Heizung dort rauchte nie. Aber sie knisterte abends auch nicht so schön, wie das unser Ofen tut – solange der Wind aus Süden weht.

Ein paar Hürden gibt es immer auf dem Weg zum Glück. Erst recht, wenn das eigene Glück darin besteht, sehr viele Dinge zum ersten Mal zu tun. Ein wenig Trial-and-Error gehört da zum Programm. Doch wie viel Error ist erträglich? Unser selbst gebautes Tiny House ist noch nicht einmal halb fertig. Das geplante Schlafloft, mit dem wir unseren acht Meter langen Bauwagen um eine Etage erweitern wollen, ist nur ein kahles Gerüst, der Zugang zur zweiten Hälfte der unteren Etage ist mit einem Brett vernagelt. Dort fehlen noch Wände, der Boden ... na ja, eigentlich alles. Nur der kleine Bereich, in dem ich fröstelnd vor dem Laptop sitze, ist einigermaßen isoliert – und nun voller Rauch. Weitere Rückzugsmöglichkeiten gibt es nicht. Sieht so nun mein Leben aus? Ist das der Traum vom Tiny House auf dem Land? Warum wollte ich noch mal raus aus meinem gemütlichen, fertigen Stadtnest mitten in Hamburg-Altona? Aus unserer kleinen, aber muckeligen Wohnung mit fließendem Wasser und einer Badewanne? Die Badewanne! Oh, wäre das jetzt schön, so ein warmes Schaumbad. Ich habe aber keine Badewanne mehr. Um ehrlich zu sein, reicht es nicht mal für ein Fußbad. Wenn ich Wasser will, muss ich hundert Meter durch den Regen und über eine matschige Wiese gehen, um mir in der alten Bauernküche des Hofgebäudes ein paar Flaschen oder Eimer aufzufüllen. Und wenn ich schon mal dort bin, gehe ich am besten auch gleich mal aufs Klo. Das gibt's in meinem neuen Zuhause nämlich auch noch nicht. Beim Urlaub auf einem Campingplatz macht einem das ja schließlich auch nichts aus. Nur ist das hier kein Urlaub, es ist mein Alltag, mein Leben. Manchmal kommen mir in solchen Momenten Zweifel. Haben wir uns zu viel vorgenommen? Ja, die jetzige Situation ist ein Zwischenschritt, die Bauphase läuft. Es wird irgendwann fließendes Wasser geben, eine funktionierende Küche, ein eigenes Klo. Aber hätten wir unser neues Heim nicht lieber erst fertig bauen sollen, anstatt mitten im Winter in eine halb fertige Baustelle zu ziehen? Es sollte ein Abenteuer werden. Ich sehe, wie mein Atem vor meinem Mund weiße Wölkchen in der Kälte bildet, während ich am Laptop sitze.

Ein Abenteuer. Das ist es geworden.

Die Sorge ist dabei meine ständige Begleiterin, an deren

raunende Stimme ich mich langsam gewöhnt habe. Ich mache mir Sorgen, ob meine handwerklichen Fähigkeiten genügen und ob meine Zeiteinteilung aufgeht. Nicht ein einziges Mal aber habe ich in den vergangenen Wochen meine grundsätzliche Entscheidung für dieses Leben infrage gestellt. Denn trotz qualmender Öfen und nächtlicher Wanderungen zum Klo gehe ich in diesem reduzierten Lebensstil zwischen grünen Feldern, baumgesäumten Landstraßen und dem scharfen Wind des Wendlandes richtig auf.

Der Kohlenmonoxidmelder hat inzwischen auch aufgehört zu pfeifen.

Wenn ich nicht vor dem Laptop sitze und als PR-Beraterin Texte schreibe und Kampagnen gestalte, baue ich mit meinem Mann Carsten am Haus. Ständig, bei Wind und Wetter, es soll ja fertig werden. Das Wort Freizeit bedeutet für uns seit Monaten lediglich freie Zeit von unseren eigentlichen Jobs. Wochenendtrips, Kinobesuche oder einfach mal nichts tun sind im Moment nicht drin. Darauf verzichte ich aber gerne, wenn ich dafür neue Erfahrungen sammeln darf. Und wenn es nur die Erkenntnis ist, dass sich die meisten meiner Sorgen beim Praxistest immer wieder in Luft auflösen.

Wir sind keine Tischler, haben keine handwerkliche Ausbildung – YouTube-Tutorials zählen nicht, oder? Carsten ist selbstständiger Heilpraktiker, und ich arbeite für eine Kommunikationsagentur in Hamburg. Sollten also gerade wir mit unseren eigenen Händen ein Haus bauen? Während wir bereits darin wohnen? Im Winter? Mit ein paar qualitativ fragwürdigen Werkzeugen von Ebay-Kleinanzeigen und lauter recycelten Materialien, die krumm und mit Nägeln gespickt sind? Vielleicht nicht unbedingt. Haben wir dabei gleichzeitig den Spaß und auch den Stress unseres Lebens? Auf jeden Fall! Stellen wir dabei jeden Tag aufs Neue fest, dass unsere körperlichen und geistigen Grenzen meist nur in unseren Köpfen existieren? Aber sicher! Wir haben gelernt, dass »Ich kann das nicht!« eigentlich nur »Ich habe das noch nie gemacht und traue mich nicht« bedeutet. Also trauen wir uns einfach mal was. Das hat damals mit dem Bulli und unserem Wunsch nach Veränderung ja auch geklappt. Also fast ...

Mein brummendes Wohnzimmer

 Vor dem Rauch, dem Leben auf dem Land und im Tiny House ist einfach alles irgendwie festgefahren. Jeder Tag fühlt sich gleich an. Ich wohne mit Carsten in einer kleinen Zweizimmerwohnung in Hamburg, mitten in Altona, und habe eine 40-Stunden-Woche in einer Agentur. Am Anfang ist es spannend. Der Irgendwas-mit-Medien-Job, das trendige Szeneviertel, an jeder Ecke coole, kleine Bars und Lädchen mit coolem, kleinen Nippes. Immer ist etwas los, ein buntes Treiben aus Menschen. Doch dann gehen ein paar Jahre ins Land, und etwas in mir ändert sich. Ich gehe nicht mehr in die Bars und auch nicht mehr in die Lädchen. Das bunte Treiben wird zu einem anstrengenden, hektischen Rauschen. Ich habe das Gefühl, nur noch vor dem Computer zu sitzen, und selbst am Wochenende ist es höchstens ein bisschen Haushalt, ein bisschen Einkaufen, vielleicht mal noch die Freunde treffen. Aber auch dazu habe ich kaum noch Lust und Energie. Das ist ohnehin das Hauptproblem. Wo ist auf einmal meine Energie hin? Früher konnte ich kaum still sitzen, wollte immer losziehen,

Menschen treffen, Abenteuer erleben. Stattdessen bin ich auf einmal zu dem geworden, was ich bei anderen Menschen immer anprangere: ein selbstmitleidiges Opfer meiner Unfähigkeit, das Leben in die eigene Hand zu nehmen. Dieses ständige Nörgeln und Unzufriedensein, ohne jemals wirklich etwas daran zu ändern. Wie war das nur passiert? Ich hatte auch schon zuvor immer mal Phasen, in denen ich mich nicht mehr wohlfühlte. Mein Patentrezept dagegen: umziehen, alle Brücken abreißen, neuer Ort, neue Wohnung, neuer Job. Alles auf Anfang und wieder neue Erfahrungen sammeln. In zweiunddreißig Lebensjahren bin ich bereits elfmal umgezogen. Diesmal fühlt sich diese Option aber falsch an. Ich finde Hamburg eigentlich trotz der Hektik nach wie vor interessant. Auch mein Job gefällt mir, nur eben nicht in diesem zeitintensiven Ausmaß. Dadurch habe ich auf einmal eine örtliche Bindung, die ich früher so nicht kannte – auch durch Carsten. Als Heilpraktiker für chinesische Medizin hat er sich über die Jahre schließlich seinen Patientenstamm in Hamburg aufgebaut. Außerdem: Was wäre denn die Alternative? Gibt es einen anderen Job, den ich machen möchte? Und wie sähe der aus? Wo will ich leben? Kurz und knapp: Wie soll es weitergehen? Einfach den Kopf in den Sand stecken oder sich lieber wie ein Erdmännchen neugierig aufrichten und Ausschau nach dem nächsten Coup halten, oder Feind, was eben gerade da ist? Ich wähle das Erdmännchen. Ich schaue mich um und spüre, dass ich gerne Hilfe hätte, vielleicht auch einfach nur einen Schubs in die richtige Richtung. Etwas, das mich aufrüttelt.

»Du bist eigentlich die Königin des Waldes, versteckst dich aber unter dem Deckmantel eines Gnoms«, höre ich Alex sagen. Ich strecke mich und blinzle. Wie war das gerade? Bis eben lag ich noch auf einer Liege, während Alex mit den Händen über meinen Körper gefahren ist und mir dabei Fragen stellte. Wie fühlt sich das an? Atmest du tief durch, oder hältst du die Luft an? Wenn ich deine Schläfen berühre, spürst du etwas an deinen Füßen? Glaubst du, dass dir als Kind ein Engel mit den Flügeln über das Gesicht gestrichen hat? Na gut, den letzten Teil füge ich in Gedanken hinzu. Ich bin etwas nervös. Alex ist Körpertherapeutin. Ihre Methode nennt sich Cranio-Sakral-Therapie. Ich hatte vor meiner Zeit auf Alex' Liege noch nie etwas davon gehört. Aber auf der Suche nach meinem Schubs landete ich bei ihr. Sie strahlt Ruhe aus, Fröhlichkeit und hat ein offenes Lachen. Ich bin mir nicht ganz sicher, was sie da tut. Ich erzähle ihr davon, dass ich unglücklich bin und nicht weiß, wie ich das ändern kann. Dass ich wütend bin, weil ich mir albern und wehleidig vorkomme. Dass ich noch wütender werde, weil ich nicht weiß, was ich tun muss, um mich nicht mehr so zu fühlen. Sie nickt, hört sich meine Sorgen an, stellt ihre Fragen. Sie fragt nicht, ob ich eine schwere Kindheit hatte oder was andere Therapeuten vielleicht sonst so fragen würden. Das ist gut. Ich bin bei ihr, weil ich nicht gerade der größte Fan von Psychotherapien bin. Ich freue mich, wenn sie anderen helfen. Ich bin aber ein sehr stark körperlich, eher haptisch orientierter Mensch und brauche mehr als nur ein Gespräch, damit sich neue Ideen und Gedanken in mir wirklich entwickeln können. Die Cranio-Sakral-Therapie ist anders als eine Psychotherapie. Sie hat sich aus der Osteopathie entwickelt und verfolgt das Ziel, durch verschiedene Handgriffe den Energiefluss im Körper wieder in sein Gleichgewicht zu bringen. Irgendwie so. Ich bin kein Experte darin. Das klingt erst einmal alles etwas esoterisch.

»Die Königin des Waldes«, sag ich da nur. Schon klar. Aber es bleibt nicht bei diesem plakativen Spruch. Wir unterhalten uns viel, und sie hilft mir zu verstehen, was mich treibt und bremst. Sie hilft mir auch zu sehen, dass ich innerlich eigentlich doch ganz gut weiß, was ich will und wer ich bin. Unsere Gespräche entwickeln sich hin zu einer Art Jobcoaching. »Was ist dir das Wichtigste an deinem Job?«, fragt sie. Ich muss nicht überlegen. Na was schon? Vielseitigkeit, Abwechslung. Sie grinst nur. Ich werde rot und winke ab. Das sagt wahrscheinlich jeder. Aber nein. Sie grinst, weil es zu meinem Wesen passt. Die meisten anderen sagen: Sicherheit. Sicherheit? Mein Stichwort! Auf keinen Fall soll das mein oberstes Lebensziel werden! Niemals! Ich will etwas ändern, jetzt, bevor ich auch zu einem Sichherheitsjünger werde. Was habe ich zu verlieren? Ich bin doch sowieso nicht glücklich, es kann doch nur besser werden. Das Tiny House sehe ich noch nicht. Es wird mich später finden. Aber ich sehe einen Wunsch, den ich mir schon seit langer Zeit erfüllen wollte. Einen Bulli. Ein motorisiertes Stück Freiheit.

Schon bevor Instagram & Co. das Vanlife-Hashtag etablierten, fand ich die Vorstellung, mit einem Bulli die Welt zu entdecken, einfach magisch. Totale Flexibilität, keine Pläne – das pure Abenteuer. Alex verabreicht mir den Schubs, den ich brauche, und bringt mir meine Energie zurück. Ich will jetzt wieder impulsiv sein und handeln. Ich will mir das zurückerobern, was mich ausmacht. An die Stelle von Fröhlichkeit, einer »Einfach-mal-machen«-Attitüde, Begeisterungsfähigkeit und Zuversicht sind in den letzten Monaten immer mehr Sarkasmus, Ironie und Misanthropie getreten. Ja gut, ein wenig gehört das auch zu meinem Wesen. Was würde ich nur ohne Ironie machen?

Das Leben wäre trist. Aber ab einem gewissen Punkt schwappt es schnell in Bitterkeit über. Dann wird es traurig, und darauf habe ich, salopp ausgedrückt, einfach keinen Bock. Mit achtzig kann ich immer noch bitter werden. So mit Katzen und Nachbarskinder anmotzen. Das wird klasse.

Zurück zum Wesentlichen: der Bulli. Vielleicht klingt das höchst unspektakulär. Wow! Sie kauft sich ein Auto, ist ja mal was ganz anderes! Aber ehrlich gesagt: Genau das ist es! Nach über drei Jahrzehnten auf diesem Planeten ist dies mein erstes, eigenes Auto. Was soll ich sagen? Ich war immer ein Stadtkind. Was willst du da groß mit einem Auto? Es gibt den öffentlichen Nahverkehr, Züge, Carsharing, Mitfahrgelegenheit und so weiter und so fort. Kein Grund, sich mit einem eigenen fahrbaren Untersatz unnötig zu belasten. Bei dem krassen Verkehr bin ich selbst mit dem Fahrrad schneller, und außerdem findet man in der Stadt nie einen Parkplatz. Doch mir geht es nicht mehr nur um ein normales Auto. Ich will eines, das groß genug ist, um darin schlafen zu können. Vielleicht sogar, um darin zu leben. Es macht einfach nur Spaß, im Netz die bunte Bulli-Parade (Autos, nicht den Comedian) zu bestaunen. Soll es ein VW sein oder doch ein Ford? Die haben ja auch ein paar coole Vans. Aber so ein T4 hat schon was. Die perfekte Größe, um auch entspannt durch den Stadtverkehr zu kommen, aber mit langem Radstand auch genug Platz zum Schlafen und Leben. Na gut, ein T4 also. So mit Campingausstattung im California-Modell sind die aber ganz schön teuer. Das hätte ich gar nicht gedacht. Dabei sind die doch auch schon zwanzig Jahre oder älter. Dennoch zehntausend Euro extra nur für ein paar Einbauschränke, Gasherd und Kühlschrank? Das ist eine Ansage. Am besten finde ich ja die Anzeigen »Für Bastler« oder wenn einfach nur eine ganze Reihe von zu behebenden Mängeln aufgelistet ist. Nee, sorry, Freunde, aber als Autojungfrau habe ich einfach nicht genug Ahnung davon, als dass ich mir gleich zu Beginn ein halb fahrunfähiges Teil aussuche. Uh, was haben wir denn da? Baujahr 2000, metallicblau, ein bisschen PS, um auch wenigstens den einen oder anderen Lkw mal versägen zu können – und der lange Radstand! Super, ein bisschen mehr Platz, um unser ganzes Geraffel einzupacken. Mit der U-Bahn sind es gerade mal zwanzig Minuten zum Halter in Hamburg. Den muss ich mir ansehen. Also den Bulli, nicht den Halter. Der Besitzer und junge Kitesurfer trifft Carsten und mich am Auto. Er und seine Kumpel würden nun doch nicht mehr so oft ans Meer fahren, dass sich so ein Bulli für ihn lohnen würde. Na gut, dann lass uns doch mal eine Runde mit dem Schmuckstück um den Block fahren. Ich steige ein und denke mir: Jetzt verstehe ich, was die Leute immer mit dem hohen Sitzen haben. Bei mir geht es zwar nicht um vermeintliche Alterserscheinungen und die herannahende Hüftarthrose, aber es ist irgendwie hammer, so von oben auf die anderen Verkehrsteilnehmer zu schauen. Muhaha, ich komme mir jetzt schon total mächtig vor. Okay, erst mal wieder ein bisschen beruhigen. Motor an und ... Ähm, wie geht der denn an? Ach so, der hat einen Startknopf. Wo? Hier unten? Ja klar, das wusste ich natürlich. Ich komme mir schon gleich ein bisschen weniger mächtig vor. So ist das im Leben, von wegen hohes Ross. Aber ich kann es fühlen, ich bin jetzt schon verliebt. Ich nehme die Kurven ganz selbstverständlich. Ich hätte irgendwie gedacht, dass sich so ein Bulli schwieriger fährt, wie ein kleiner Lkw eben. Man muss dazu sagen, dass ich bis dahin, wenn überhaupt, mit dem alten Twingo meiner Mutter oder kleinen Leihautos gefahren bin. Aber trotz der Größe des Autos bin ich total entspannt. Im Grunde brauchen wir gar nicht weiterzuschnacken. Kannst du ihn mir gleich zum Mitnehmen einpacken? Ach, den TÜV könnten wir vielleicht noch machen. Unser Kitesurfer gibt uns recht. Das gäbe uns doch ein bisschen mehr Sicherheit, dass auch wirklich alles in bester Ordnung ist.

Zwei Wochen später. Der Kitesurfer und ich treffen uns beim TÜV. Ein paar kleine Mängel hier und da, aber alles im Rahmen. Wieso jetzt ausgerechnet eine schwarze Klebefolie auf den Seitenfenstern als Sichtschutz ein Problem für den TÜV ist, wird mir wohl für immer ein Rätsel bleiben. Aber als alles gerichtet ist, kann ich es kaum erwarten, den Kaufvertrag zu unterschreiben und endlich mit meinem ureigenen Bulli in den Sonnenuntergang zu reiten.

Wir nennen ihn Slow Lori, nach den langsamen Äffchen aus Thailand. Eine Hommage an unsere Form der Fortbewegung: langsam, aber genau, wie und wohin wir wollen. Eines steht allerdings noch an: der Ausbau. Denn die Zehntausend-Euro-Maßanfertigung-Camping-Geschichte fehlt Slow noch. Aber wie schwer kann das schon sein? Und was wird uns so ein Selbstausbau wohl kosten? Geld ist ja im Grunde immer ein Problem. Geld ist vor allem immer eine wunderbare Ausrede. »Ich würde ja gerne mal dies und jenes tun, aber ich kann es mir einfach nicht leisten.« Das ist praktisch. Jeder fühlt sofort mit, denn Geld haben wir ja alle immer zu wenig. Das muss doch auch anders gehen. Natürlich.

»Carsten, wir müssen los!«, mein morgendlicher Standardgruß ab sofort. Schläfriges Blinzeln, unzufriedenes Grunzen, ein paar blonde Locken schauen unter der Decke hervor. Carsten ist nicht begeistert. Es ist Trüffelzeit! Trüffeln, so nennen wir unsere Sammelattacken, wenn wir gebrauchtes Material zum Bauen organisieren. Noch sind wir völlig ahnungslos, dass das Trüffeln für unser Tiny House eine wichtige Rolle spielen wird. Meine Suchaufträge bei eBay-Kleinanzeigen haben heute mal wieder ein paar super »Zu Verschenken«-Angebote gemeldet. Plexiglas, geil! Das können wir für die Zwischenwand zwischen Fahrerkabine und Schlafbereich nehmen. Ein paar Holzpaneele, perfekt! Nach der Isolation verkleiden wir damit den Innenraum. Das wird irre gemütlich, wie ein Mini-Wohnzimmer. Und da sind auch noch zwei Packungen Laminat. Das müsste genau reichen. Los, anziehen und ab dafür! Sonst ist es vielleicht schon weg. Unser neues Hobby frisst zwar Zeit, versorgt uns aber mit so ziemlich allem, was wir für den Ausbau benötigen. Besonders in größeren Städten wie Hamburg ist es gar kein Problem, ausreichend Material zu finden. Viele Leute haben wegen der hohen Mieten und Grundstückspreise nur kleine Wohnungen. Die halten es nur bis zu einem gewissen Grad aus, wenn man sie mit lauter ungenutzten Dingen vollstellt. Irgendwann ist eben kein Platz mehr. Dann heißt es: Weg damit, und jemand anderes kann sich darüber freuen.

So geht es ungefähr vier Monate. Materialien sammeln, Holzpaneele lackieren, sägen, schrauben, hämmern und flicken. Ich bin voll in meinem Element. Jeder Tag Arbeit am Bus zeigt sofort Erfolge und – wenn auch manchmal kleine – Entwicklungsschritte. So ist das mit der Handarbeit: Du siehst einfach direkt, was du geschaffen hast. Bei einem Tag Arbeit im Büro frage ich mich abends schon manchmal, was ich eigentlich heute die ganze Zeit gemacht habe. Natürlich sieht nicht alles perfekt aus, manches ist krumm oder fransig. Es gibt keine Tischlerwerkstatt, und wir müssen mit Stichsäge, Akkuschrauber und Bohrmaschine auskommen. Für mich persönlich macht aber gerade das auch den Charme aus. Ich mag es nicht so gerne korrekt, statisch und super präzise. Ein bisschen quer hier und da kann doch auch ganz schön sein.

Auf einmal steht er da, der kleine Slow, mit seiner Custom-Made-Camperausstattung. So was Hübsches. Heck auf und reingehuscht. Direkt links schnappe ich mir einen Griff und ziehe daran. Es öffnet sich eine Klappe, die sich als Schreibtisch entpuppt. Der ist besonders wichtig. Ich will ja nicht nur in den Urlaub fahren, sondern eigentlich gleich digitale Nomadin werden. Einfach mal die Wohnung kündigen, alles hinter mir lassen und von unterwegs aus arbeiten. Was brauche ich schon groß, außer dem Internet, für meinen Job? Auf Instagram gibt es doch auch ohne Ende Menschen, die alle von unterwegs aus ihrer Arbeit nachgehen. Social Media Manager, Blogger, Journalisten, diese ganzen »Entrepreneure«, die irgendeinen Onlineshop launchen. Was die können, kann ich schon lange! Hauptsache Reisen und die Welt sehen. Meinen Eltern war das nie besonders wichtig, daher habe ich in meiner Kindheit sehr wenig gesehen. Wir hatten in der Nähe unserer damaligen Heimatstadt Kassel einen Wohnwagen mit Vorzelt auf einem Dauercampingplatz. Da fuhren wir meist im Urlaub hin. Manchmal wurde es auch »exotisch«. In unserem Fall bedeutete das Center Parks in der Bispinger Heide, die Verwandten besuchen in der Nordeifel oder zur Kur an die Nordsee. Als Jugendliche nahm ich es dann selbst in die Hand. Mit Freunden ging es nach Spanien, Frankreich, Tschechien oder Russland. Später studierte ich Geowissenschaften und reiste für

Exkursionen in die Schweiz, nach Italien, Schottland oder Luxemburg. Ich liebte es. Wie sagt Carsten ständig? »Die interessantesten Menschen triffst du immer auf Reisen.« Genauso ist es.

Ich wittere die Freiheit der Straße und die vielen tollen Abenteuer, die ich bestimmt erleben werde. Ich folge direkt auf Facebook mal der Seite von DNX, der Community für digitale Nomaden. Marcus und Felicia, die beiden Gründer, haben zum Ziel, ortsunabhängige Entrepreneure miteinander zu vernetzen. Regelmäßig veranstalten sie ein riesiges DNX-Event und posten immer wieder Tipps für Reisende und »Remote Worker«. Natürlich sieht man sie in ihren Videos und auf den Bildern nur allzu oft an coolen Locations, braun gebrannt und in lässigen Surfer-Klamotten. Schließlich bist du nur wirklich ein digitaler Nomade, wenn du auf Bali oder in Portugal bist – klar, oder? Alle wirken immer glücklich, ausgelassen und sehen die traumhaftesten Orte. Urlaub und Arbeiten scheinen zu verschwimmen. Anstatt in stickigen Betonkästen mit abgetrennten Bürowürfeln, chillen die Nomaden auf Sonnenliegen am Strand oder in Coworking Spaces aus Bambus gebaut und ohne Wände – wenn immer die Sonne scheint, wer braucht da Wände? Ja, ich gebe es zu, ich bin verliebt! Für mich ist das alles wie ein Traum, und ich will unbedingt Teil dieser Community werden.

Außerdem bedeutet das Vanlife noch etwas anderes für mich: weniger finanziellen Druck. In der Agentur habe ich inzwischen auf eine Sechzig-Prozent-Stelle reduziert. Das ist für mich eigentlich das Maximum dessen, was ich in der Woche über einen längeren Zeitraum für ein Projekt motiviert aufbringen kann. Sechzig Prozent. Vierundzwanzig Stunden. Ich meine, jetzt mal ehrlich. Vierzig Stunden?

Immer wieder den gleichen Einheitsbrei? Jede einzelne Woche? Das hat auch den Vorteil, dass ich mir meine Kräfte nicht so einteilen muss wie jemand, der noch viel länger seine Zeit absitzt. Bei sechzig Prozent kann ich die ganze Zeit konzentriert zu Werke gehen und habe dennoch Zeit für eigene Projekte und Experimente. Bei einhundert Prozent Büro nahezu unmöglich. Nur sind das eben auch nur sechzig Prozent des Gehalts. Das ist etwas wenig in einer Stadt mit einem der teuersten Wohnungsmärkte Deutschlands. So ein Bulli, der schluckt halt Sprit, ein bisschen Versicherung. Das sollte doch ganz gut machbar sein.

»Wie jetzt? Du könntest dir vorstellen, in einem Bulli zu leben? So vollkommen ohne feste Wohnung? Ohne Badezimmer? Mit so wenig Platz?« Das ist meine Freundin Sarah. Sarah guckt sich Abenteuerfilme im Fernsehen an. Die liebt sie und findet es immer irre spannend, was andere Menschen so alles wagen. Selbst machen würde sie es nicht. Vielleicht könnte ich sie als normal bezeichnen? Hm, oder vielleicht ist sie auch einfach nicht so anspruchsvoll wie ich, wenn es um Abenteuer geht. Ihre Ansprüche an ein gutes Leben sind ein gut bezahlter Job, zwei- bis dreimal im Jahr in den Urlaub fahren, gerne mit dem Kreuzfahrtschiff, ein teures Auto und eine hübsch eingerichtete Wohnung. Später mal ein Haus, das ist ja klar. Das muss schon alles passen. Verrücktheit ist was für das Fernsehprogramm, nicht für das normale Leben. Dass Sarah meine Idee bescheuert findet, überrascht mich nicht wirklich. Wir sind befreundet, haben Spaß miteinander und doch oft sehr unterschiedliche Prioritäten. »Wollt ihr nicht erst mal eine längere Reise machen, bevor ihr gleich alles über den Haufen werft, eure Wohnung kündigt und einfach abhaut? Ihr habt doch überhaupt keine Ahnung, worauf ihr euch da einlasst. So was will gut geplant sein.« Vielleicht hat Sarah recht? Da ich ja durchaus empfänglich bin für gute Vorschläge, denke ich gleich an einen Urlaub im Baltikum. Dort kann man ganz offiziell wildcampen. Außerdem wollte ich schon immer mal dort hin. Als Waldliebhaberin muss ich mir die unberührte Natur dort einfach ansehen. Planung, sagt Sarah. Also recherchiere ich, wochenlang, nach der perfekten Route, den wichtigsten Sehenswürdigkeiten und in den besten Reiseblogs. Zwei Wochen wollen wir unterwegs sein. Nicht unendlich lange, aber da kann ich doch einiges hineindrücken. Bloß nichts verpassen.

Das Packen macht fast am meisten Spaß. Jetzt zeigt sich, ob wir bei unserem Bulli-Ausbau auch mitgedacht haben. Allein der Anblick bei offener Heckklappe – ein Traum! Ich ziehe die weiß lackierten Obstkisten unter dem Bett aus Europaletten hervor. Durch Filz gleiten sie leicht auf dem verlegten Laminatboden. Ich nehme die Deckel von den Kisten ab, unter denen sich kleine Polster verbergen, damit wir die Obstkisten auch als Hocker nutzen können. Die Kisten selbst nutze ich jetzt erst mal als Kleiderschrank. Pullis, Hosen, Shirts, alles rein damit. Auch hinter dem aufgeklappten Schreibtisch ist noch Platz. Da landen unsere Wanderschuhe und ein bisschen Regenequipment, ein Teil der Vorhänge für die Nacht. Daneben, im kleinen Schrank mit den bunten Fächern, ist genug Platz für Kaffeepulver und ein paar andere Basics zum Kochen auf der Fahrt. Jetzt zur Schiebetür an der Seite. Von dort kann ich einmal fast komplett unter das Bett kriechen. Hier parke ich noch ein paar Kisten mit Campinggeschirr, den Kocher, zwei Klappstühle, einen Wasserkanister und einen Tisch.

Irgendwo waren doch …, ach ja, hier in die Lücke unter der kleinen Fensterbank passen die Tischtennisschläger gut rein. Und die Kniffelblöcke. Die müssen mit. Ein kleines Laster aus unzähligen Spieleabenden mit meiner Oma. Neben dem Bett ist noch ein Fach für Bücher. Da schmeiße ich doch gleich mal was zum Lesen rein, die Zeitschriften für die Fahrt sind schon in der Reuse bei der Heckklappe. Die Akkus zum Laden der Handys und die Lampen für die Nacht? Check! Sieht gut aus.

Bald geht es los. Ich bin schon ganz aufgeregt. Ich bringe Slow für einen letzten Check-up in die Werkstatt. Es sollen nur Kleinigkeiten gemacht werden. Eine Steckdose funktioniert nicht, der Rückscheibenwischer, so was eben. Am nächsten Tag klingelt das Telefon. Der Schrauber aus der Werkstatt ist dran, ich solle mal schleunigst vorbeikommen. Uuuuuh, der Tag ist für mich gelaufen. Was hat er denn bloß gefunden? Der TÜV ist wohl weniger vertrauenswürdig, als ich in meiner Naivität angenommen hatte. In der Werkstatt angekommen, geht der Schrauber mit mir zur Hebebühne, auf der mein kleiner Slow traurig rumhängt. »Hier und hier. Siehste das? Und hier.« Ja, sehe ich. Ein paar schöne Rostlöcher im Unterboden. »Außerdem sind die Traggelenke ausgeschlagen. Der Motor leckt auch.« Schluck. Das könnt ihr doch ruckizucki machen, oder? Der Schrauber lächelt müde: Keine Chance. Und wenn wir einfach losfahren und das alles nach dem Urlaub machen? »Also ich würd damit nirgendwo mehr hinfahren an eurer Stelle. Das dauert jetzt halt ein bisschen.« Bye bye Urlaub. Mein wohlverdientes Abenteuer, Abstand zu meinem Alltag und Freiheit – alles schon vorbei, bevor es angefangen hat?

Als Erstes richte ich meine Wut auf die Leute vom

TÜV. Soll das ein Witz sein? Wir haben vor wenigen Monaten erst problemlos TÜV bekommen. In der Zeit können wir diesen Schaden unmöglich selbst fabriziert haben. Seid ihr alle blind? Ja, sind sie. Merken sie aber auch gerade, und wir müssen nicht lange diskutieren. Die Werkstattkosten übernehmen sie natürlich. Na, wenigstens etwas.

Trotzdem bin ich wütend, enttäuscht und unglaublich traurig. Sogar zu traurig. Ja klar, ich habe den Urlaub super vorbereitet, die ganzen Recherchen, die Planung, es ist wirklich schade. Aber ich bin richtiggehend am Boden zerstört. Eigenartig. Wieso nur zieht mich ein geplatzter Urlaub derart runter? Ich merke, dass ich mich mit dem Bau am Bulli auch abgelenkt und wochenlang auf ein Licht am Ende des Tunnels hingearbeitet habe. Die Vorstellung von zwei Wochen Flucht, einem konservierten Abenteuer, ließ mich weiterarbeiten und funktionieren. Aber es war doch nur eine Scheinlösung. Und als dieses Licht auf einmal erlischt: Bämm! Wie ein Frontal-Crash. Die ganze schöne Ablenkung ist dahin. Der Scheinwerfer strahlt wieder ungedimmt auf mein Leben und auf meine Unzufriedenheit. »Ich habe doch gesagt, diese ganze Van-Sache ist Quatsch. Jetzt siehst du es selbst. Nicht mal ein Urlaub klappt. Wie wäre es erst, wenn du wirklich darin lebst? Kann Carsten das überhaupt so ohne Weiteres mitmachen? Er hat doch seine Praxis und Patienten in Hamburg. Was würde er machen, wenn ihr nur noch unterwegs wärt? Meinst du, er kann dann so viele Workshops machen und Vorträge halten, dass es irgendwie passt? Außerdem wird das im Winter doch saukalt in so einem Bulli!« Auf Sarah ist Verlass. Sie ist manchmal ein bisschen wie alle meine Sorgen in einer Person vereint. Alle Ablehnung, alle Angst, alle Vorurteile. Aber hey, ich wäre nicht ich, wenn ich nicht jetzt erst recht weitermachen würde.

Was ist schon ein Misserfolg? Statt des Baltikums machen wir einfach einen kurzen Wochenendtrip zu einem Festival an der Ostsee mit einem geliehenen Sprinter. Matratzen reingeworfen und fertig.

Einige Monate und Werkstattstunden gehen danach ins Land, und wir beschließen: Es ist nun wieder Zeit für einen zweiten Versuch mit unserem rollenden Wohnzimmer. Die nächste Destination: Ein bisschen nach Österreich zum Campen, danach über Baden-Württemberg und die Eifel zurück nach Hamburg. Das ist ja nun wirklich nicht der Rede wert. Wir sitzen im Bulli und sind auf dem Weg von Hamburg in den Süden. Was ist das für ein Geräusch? Sind wir in einer Einflugschneise? Carsten schüttelt den Kopf. Das seien unsere Bremsen. Ach so, na dann ... Was?! Aber weil es mit einem so lächerlichen Detail wie einer runtergerockten Bremse ja noch keine richtige Gaudi bringt, kann ich auf einmal mitten auf der Autobahn nicht mehr schalten. Der Schaltknüppel steckt fröhlich im fünften Gang fest. O Gott, jetzt bitte keinen Stau oder eine Baustelle! Nachdem die erste Panikattacke vorbei ist, finde ich irgendwann eine Ausfahrt mit nicht ganz so steiler Kurve und fahre auf eine Raststätte. Der ADAC-Mensch kommt eine Stunde später und lässt so gruselige Wörter wie »Vermutlich Getriebeschaden« fallen. Das kann doch nicht wahr sein! Jedes Mal, wenn wir wegfahren oder es gar erst versuchen, macht unser Kleiner Zicken. In und um Hamburg ist immer alles gut, erst mit etwas Abstand wird er unleidig. So ein kleiner Heimscheißer. Wir warten noch einige Stunden auf den Abschleppdienst, da der Schrauber vor Ort nichts machen kann und die Schaltung schlicht nicht mehr will. Mitten in der Nacht trifft er ein und bringt uns zu einer Werkstatt im Beton-Industrie-Paradies am Rande Geras, vor der wir im Bulli äußerst idyllisch nächtigen. Als wir am Morgen, es ist Freitag, in die Werkstatt gehen, kommt dann erst mal der GAU: Auf keinen Fall könnten sie den Wagen jetzt reparieren, sie hätten null Kapazitäten, und vor Dienstag ginge gar nichts mehr. Alter Schwede, mir versagt erst einmal kurz die Stimme. Wir sollen fast eine Woche in Gera abhängen, obwohl wir eigentlich nach Österreich in die Berge wollen? Das sind jetzt wirklich nicht die rosigsten Aussichten. Doch irgendjemand hat anscheinend Mitleid mit uns und schickt uns den liebsten ADAC-Mitarbeiter der Welt: den Schlepperfahrer aus der Nacht zuvor. Der gute Mann sieht uns und versteht unsere Verzweiflung sofort. Anstatt nach seiner langen Nachtschicht in den wohlverdienten Feierabend zu gehen, bleibt er noch bis zum frühen Nachmittag, werkelt an unserem Auto und ist nachher sichtlich platt. Es ist doch kein Getriebeschaden. So ein blödes Nubsi, in dem das Kugelgelenk des Schaltgestänges rotiert, ist gebrochen. Ja, das Ding ist halt auch einfach aus Plastik und sieht aus wie ein Colaflaschendeckel. Unglaublich! Technik, die begeistert!

Ich drücke unserem gelben Engel ein Glas selbst gemachte Erdbeermarmelade in die Hand. Das klingt vielleicht lächerlich, aber ich will einfach etwas tun, um meiner Dankbarkeit Ausdruck zu verleihen. Ich hätte ihm auch mein Erstgeborenes geschenkt.

Aber was ist denn mit den Bremsen? Genau, die machen immer noch höchst abenteuerliche Geräusche. Da wir nicht noch länger in Gera bleiben wollen, ignorieren wir das jetzt erst mal. Trotz der Flugzeuggeräusche funktionieren die Bremsen noch einigermaßen, und wir sind mit Freunden zum Campen in der Nähe von Salzburg verabredet. Wir fahren also erst mal vorsichtig dorthin und verbringen ein paar Tage in der Alpennatur. Danach werden wir aber doch etwas unruhig und wollen das Bremsproblem nicht noch länger ignorieren. Hin und wieder können ein paar Bremsen ja doch ganz hilfreich sein, habe ich mir sagen lassen. Also geht es weiter nach München. Wir bestellen Bremsscheiben und -klötze, und der Bruder eines Freundes baut uns die neuen Teile ein. Natürlich kommt die Lieferung zwei Tage später als geplant, und der Aus- und Einbau geht auch nicht ohne Weiteres vonstatten. Altes Auto, sag ich da nur, der Rost entwickelt da manchmal ein Eigenleben. Wir sind locker eine Woche in München, anstatt auf Tour. Wieder mal ein kläglich gescheiterter Versuch, völlig selbstbestimmt zu reisen und zu leben.

Ich bin jetzt erst einmal kuriert. Digitale Nomadin? Vergiss es! Da hast du ja mehr mit deinem Auto zu tun als alles andere. Das Beispiel zeigt mir auch sehr schön, dass die heile Social-Media-Welt in den seltensten Fällen mit der Realität übereinstimmt. Auf Bildern sehen wir nur allzu oft die positiven Seiten von Lebensmodellen. Alles ist so hübsch und mit dem passenden Filter ins rechte Licht gerückt. Ganz ohne Authentizität geht es aber nicht. Was ist schon dabei, wenn nicht immer alles grandios, überwältigend, traumhaft, abenteuerlich oder irgendein anderer Superlativ ist? Wenn es wirklich so wäre, würde uns das Leben wahrscheinlich extrem schnell auszehren. Selbst ich als Routinehasser sehe ein, dass ein kleines bisschen Gewohnheit und Normalität auch Ruhe und Gelassenheit mit sich bringen, die mir guttun. Auch wenn meine Erfahrungen darin bisher noch ziemlich überschaubar sind, kommt Vanlife in den sozialen Medien um einiges romantischer rüber, als es in Wirklichkeit zu sein scheint. Das heißt allerdings nicht, dass ich meinen Bulli nicht nach wie vor liebe. Er ist im Grunde die Verkörperung eines wiedergefundenen Experimentiergeists. Mit ihm habe ich mich das erste Mal seit Langem wieder etwas getraut.

Und außerdem ist er für mich noch etwas viel Wichtigeres: ein Symbol für meinen Sieg über einen teuflischen Dämon. Sein Name ist »Irgendwann mache ich das mal«, in älteren Volksstämmen auch kurz »Später mal« genannt. Der Dämon nährt sich von Zeit. Er suggeriert dir, du hättest noch wahnsinnig viel davon und könntest alle deine Wünsche und Pläne auch noch viel später umsetzen. Gar kein Problem. Lebe dein Leben erst einmal möglichst so, wie es sich gehört, und spiele auf Sicherheit. Mach einen Job, den du zwar nicht magst, in dem du aber gut verdienst. Wohne in einer Wohnung, die zu teuer ist, aber etwas hermacht mit Designerküche und einheitlich passendem Farbkonzept. Die Leute sollen ja sehen, wer du bist und was du hast. Fahr ein Auto, das du dir nicht leisten kannst, bei dem du aber mit der automatischen Einparkhilfe und dem Cockpit wie in einem Starwars Battleship angeben kannst. Wenn du das alles geschafft hast, ja, was dann? Weißt du dann überhaupt noch, was deine Wünsche und Träume waren? Hast du nun überhaupt noch Zeit übrig? Vielleicht. Dann gratuliere ich. Die meisten werden es nicht mehr wissen oder inzwischen als albern, unwichtig und nicht machbar abtun. Sie haben einfach schon zu lange ein Leben geführt, das fremdbestimmt war. Sie haben vergessen, in sich hineinzuhorchen und für sich selbst zu erkennen, was sie wirklich brauchen und was nicht. Für einen Bulli klingt das alles möglicherweise etwas hochtrabend. Aber so ist es. Schon seit ich eine Jugendliche war, fand ich diese klassischen Hippie-Busse immer total geil. Sie strotzen geradezu vor Farben, Lebensfreude und Ausgelassenheit. Später im Studium und auf Festivals traf ich immer mal wieder Leute mit so einem schicken, ausgebauten Teil. Und jedes Mal dachte ich:»So etwas will ich später auch mal haben.« Aber direkt als Nächstes folgte:»... also, wenn ich richtig gut Geld verdiene und voll im Leben stehe.« In meinem Fall bedeutet das: nie. Ich fühle mich heute noch an meinen besten Tagen wie eine Zwölfjährige, die nur verwundert über die Welt der Erwachsenen staunen kann. Die Logik hinter Aktienfonds, Gemüse zum Trinken, Kaffee statt Kakao – da muss man erst mal drauf kommen. Ich hatte ja nicht einmal ein Auto vor Slow Lori. Geschweige denn so einen arbeitsintensiven Bulli. Ganz ehrlich: Ich kichere grad ein bisschen. Das mache ich immer, wenn ich einen Erwachsenen-Flash habe. Ich denke daran, wie es war, als ich den Vertrag unterschrieb und mit ihm nach Hause fuhr. Wow, ein Auto! Nicht nur irgendeins, sondern ein wahrhaftiger T4, der nur darauf wartet, als Campingbus das Licht der Welt neu zu erblicken. Und er gehört mir! Irre! Ich höre noch den Dämon sagen:»Ey, du hast doch gesagt, später mal.« Und ich denke nur:»Pah, später ist heute! Schnupper Gas, Bösewicht!«

Abgesehen von meinem Sieg über den Dämon, ist der Bus für mich auch nach wie vor eine wunderbare Art zu reisen. Ja sicher, er hat seinen eigenen Kopf und macht nicht immer, was er soll. Andererseits, kann ich es ihm verübeln? Jeder hat doch mal schlechte Tage. Aber wenn ich dann mit aufgedrehter Musik durch schöne Landschaften mit ihm cruise und mich nachts in die muckelige Schlafhöhle zurückziehe – dann ist es einfach nur magisch. Ich mache inzwischen keine detaillierten Reisepläne mehr. Wenn ich keinen Plan habe, kann er auch nicht schiefgehen, so die Idee. Das hätte ich ohnehin von Anfang an so machen sollen. Ist das nicht auch genau die Intention von einem fahrbaren Bett? Dass ich eben nicht lange vorher alles planen, buchen und vorbereiten muss? Sondern einfach mal wieder mit einem ungefähren Finger auf der Landkarte losfahren und sehen, was passiert. Vor allem muss es ja auch nicht immer gleich eine Wahnsinns-Tour sein. Schließlich gibt es auch in Deutschland und um die Ecke wunderschöne Orte zu bestaunen.

In der Zeitschrift *Walden* lese ich von »Mikroabenteuern«: Nach der Arbeit rauf aufs Rad oder in die S-Bahn bis zum nächsten Wald, See oder Fluss, Zelt aufschlagen, Campingkocher anschmeißen, Sterne gucken, Schwimmen, Wandern – und am nächsten Morgen wieder zurück in die Stadt und um neun erfrischt und glücklich wieder im Büro am Schreibtisch sitzen. Geniale Idee!

In der Sächsischen Schweiz, im Hohen Gras bei Kassel, in den Münchner Isarauen, bei den Maaren in der Südeifel, an der Spree oder in den Wäldern bei Freiburg kann es auch wunderschön sein – und ich sitze nicht erst zehn Stunden im Flugzeug und muss mir unter Umständen nicht mal einen Tag Urlaub nehmen. Carsten und ich genehmigen uns inzwischen immer wieder solche Mikroabenteuer und spontane Kurzurlaube. Der Bulli macht's möglich. Nach einer Feier bei Freunden fahren wir nicht sofort nach Hause, sondern schlafen lieber dort vor Ort im Bus. Wenn in unserem heutigen Wohnort, dem Wendland, »Kulturelle Landpartie« ist, ein Festival über den ganzen

Landkreis verteilt, mit Konzerten, Aufführungen, Handwerkskunst und Workshops, dann fahren wir an einen Ort, der uns gefällt, und bleiben so lange, wie wir lustig sind. Ich kann dann nicht von exotischen Landschaften und Mai Tais unter Palmen berichten. Aber dafür habe ich Erlebnisse abseits meiner täglichen Routine auch nicht nur ein- oder zweimal im Jahr, sondern so oft ich will. Außerdem sind dies Trips, die wir wirklich einfach in unseren Alltag einbauen und regelmäßig machen können. Je größer wir ein Abenteuer aufbauschen, desto größer sind auch die Hürden, und desto unwahrscheinlicher ist die Umsetzung. Ich würde auch irre gern mal ein Jahr die Panamericana von Alaska bis Feuerland mit dem Bulli abfahren. Das ist ein riesiger Traum von mir. Aber dazu benötige ich ein ganzes Jahr Urlaub, besseres Equipment, eine Möglichkeit, unterwegs Geld zu verdienen, sowohl für Carsten als auch für mich – eben eine ganze Reihe von Hürden, die es zu bewältigen gilt. Ich sage nicht, dass es dadurch unmöglich ist und ich es niemals machen werde. Es bedarf nur einer ganz anderen Vorbereitung als so ein Mikroabenteuer.

Diese neue Freude an den kleinen Dingen im Leben und die Erkenntnis, dass Pläne öfter einschränken, als dass sie mich glücklich machen, ändert aber nichts daran, dass der Bulli als Wohnung für mich erst mal keine Option mehr ist. Ich höre genauer in mich hinein und stelle fest: Eigentlich finde ich es auch ganz schön, eine Art Homebase zu haben. Einen Ort, an dem ich relativ entspannt meinen ganzen Kram liegen lassen kann. Mit einer richtigen Küche, einem Bad, nun ja, ganz normalen Dingen eben, die den Alltag entspannt machen.

Alles Dinge, die ich zugunsten des Vanlife-Traums eigentlich schon abgeschrieben hatte. Nun kommen sie wieder auf den Tisch und blockieren erst einmal meine zurückgewonnene Energie zum Handeln. Monatelang stehen Carsten und ich nach unserer Österreichreise quasi still. Wir machen weiter wie bisher. Wir hängen in unserer Wohnung in Hamburg – das ist wieder unser Leben. Ich trudle langsam wieder in das Hamsterrad von Arbeiten und noch mehr Arbeiten hinein. Obwohl ich denke, diese Muster bereits hinter mir gelassen zu haben, vereinnahmt mich eine Idee: Wenn wir doch nur ein bisschen mehr Geld hätten, dann könnten wir uns bestimmt das Leben erfüllen, das wir uns wünschen. Ständig bekomme ich mich mit Carsten deswegen in die Haare. Ich will, dass er mehr arbeitet, damit wir etwas zurücklegen und für ein besseres Leben sparen können. Im Nachhinein schlage ich mir mit der Hand an die Stirn. Diese Gedanken, dieses Verhalten, fast wie bei einem Alkoholiker mit einem Rückfall. Ich weiß doch eigentlich längst, dass ich aus der Arbeitsspirale und dem routinierten Einheitsbrei hinauswill. Dennoch stehe ich da und laufe Gefahr, mich wieder in den Strudel ziehen zu lassen. Unfassbar, wie schnell das passieren kann, wenn ich nicht gehörig aufpasse und meine Handlungen und Gedanken immer wieder reflektiere.

Ein wichtiges Problem lässt sich vor allem nicht lösen: Ich will das Beste aus beiden Welten. Ich will ein freieres und unbekümmertes Leben führen, wieder mehr Natur und Luft zum Atmen. Auf der anderen Seite will ich aber auch die Stadt nicht vollständig hinter mir lassen. Daher wahrscheinlich auch meine immer wiederauftauchenden Geldsorgen. Wenn ich nur ausreichend Geld hätte, könnte ich mir zwei Lebensräume leisten. Einen auf dem Land und einen in der Stadt. Die Kleine hat ja gar keine Ansprüche, will die Eier legende Wollmilchsau. Vielleicht stimmt das. Aber wer will die denn nicht? Erstens sieht die bestimmt einfach nur knuffig aus. Zweitens möchte ich eigentlich keinen Kompromiss, der mich letztlich doch wieder nicht glücklich macht. Aber der Unwillen, den Schritt in die eine oder die andere Richtung zu gehen führt einfach nur wieder zu Stagnation. Wie ein Huhn, das in Panik nicht weiß, ob es angreifen oder fliehen soll, und sich dann einfach im Kreis dreht. So geht es mir. Ich drehe mich mal wieder im Kreis. In einem Teufelskreis aus Unzufriedenheit, Unentschlossenheit und Selbstmitleid. Besonders Letzteres hat mich in den letzten Jahren viel mehr vereinnahmt als mir lieb ist. Diese faule Haltung. Die Annahme, dass es allen Menschen viel besser geht und dass die Welt ja so unfair und gemein ist. Der irrsinnige Glaube, ich hätte doch alles versucht, was in meiner Macht stand. Es ist so leicht, sich einfach darin zu suhlen. Es ist leicht, weil ich mich dadurch selbst der Verantwortung für mein eigenes Leben entziehe. Die Welt ist ja schuld, andere Menschen, die Gesamtsituation. Meine Schuld, meine Aufgabe, meine Verantwortung? Ja, es ist Zeit, aus diesen Gedankenmustern wieder herauszukommen. Meine Antwort darauf? Selbsthilfe- und Positiv-Denken-Blogs und Bücher darüber. Wer hätte das gedacht. Es ist mir auch etwas peinlich. Aber andererseits ist alles besser als gar nichts zu tun. Das Thema Verantwortung kommt in diesen Texten immer wieder auf. Klar, erst mal klingt das wie reine Plattitüde. »Nimm dein Leben selbst in die Hand! Triff Entscheidungen und handle danach! Übernimm die Verantwortung.« Ich für meinen Teil kann sagen, es ist etwas ganz anderes, diese Sätze zu lesen oder sie zu verinnerlichen und das eigene Leben wirklich danach auszurichten. Es ist unglaublich, wie oft wir die Verantwortung an andere abgeben. An unsere Familie, unsere Partner, unsere Arbeitgeber oder sogar die Politik. Das fängt schon im ganz Kleinen an.

Ich starte mit einer Sprachhygiene. Warum sagen wir eigentlich so oft »man«? Man kann sich da schon fragen, was das soll. Man hat ja Verpflichtungen im Leben. Man könnte ja auch einfach mal wieder Spaß im Leben haben. Man, man, man, ... Wie wäre es denn an der Stelle mal mit »ich« oder »wir«? Allein diese Form der Verwendung des Wortes »man« bei allem, was wir sagen, schiebt die Verantwortung auf eine neutrale, nicht weiter definierte Instanz ab. Auf jeden Fall weg von mir, irgendwer halt, aber ich nicht. Verrückt. Durch diese bewusste Auseinandersetzung mit meiner eigenen Sprache bekomme ich wieder einen Push in die richtige Richtung. Ich will mich wieder bewegen, die Stagnation beenden. Rückschläge können passieren, dann ist wieder Aufstehen angesagt. »Müssen« ist auch so ein verräterisches Wort. Es ist erstaunlich, wie oft ich glaube, etwas tun zu müssen, anstatt es zu wollen. Ich muss noch zum Sport, muss noch einkaufen, muss noch meine Mails checken. Was ich so alles muss. Dabei ist einer meiner Lieblingssprüche eigentlich schon so lange: »Ich muss schon mal gar nichts.« Dennoch schleicht sich dieser Müssen-Schlingel immer wieder in meine Sprache ein.

Jetzt stehe ich da, mit einem gescheiterten Vanlife, bevor es überhaupt begann, und meinen Selbsthilfe-Blogs. Ich rede mit Carsten, und auch er ist unzufrieden, findet es blöd, dass wir schon wieder so lange untätig rumsitzen und nichts ändern. Ich stürze mich in die Recherche. Wie kann ich mir eine Homebase sichern, die größer ist als ein Bulli, aber dennoch mobil? Vielleicht will ich ja mal wieder umziehen? Wie cool wäre es, das eigene Zuhause dann mitnehmen zu können? Ich bin kein so großer Freund davon, mich auf Dauer auf etwas festzulegen. Das habe ich bisher nur einmal in meinem Leben getan, und diese Festlegung ist Carsten, seit vielen Jahren mein Partner und bester Freund. Er ist aber auch einfach eine Fabrik des Wahnsinns, die dauerhaft mein Interesse wach halten kann. Ich weiß nie, was ihm als Nächstes einfällt. Bei allen Dingen in meinem Leben stehe ich also auf Flexibilität und Veränderung. Außerdem wollen wir beide wieder mehr Natur um uns herum, aber die Stadt nicht vollkommen aus den Augen verlieren. Es soll bezahlbar sein, nicht zu groß und nicht zu klein. Wir könnten auch wieder etwas Eigenes bauen. Im Kleinen mit dem Bulli funktionierte unser Recycling, wieso dann nicht noch einen draufsetzen und ein kleines Häuschen oder so etwas Ähnliches bauen? Vielleicht tut es ja auch eine Parzelle in einem Schrebergarten in der Stadt? Können wir da nicht einfach ein Hüttchen bauen? Aber wo bleibt da die Mobilität, und wo lagern wir die Materialien, die wir für den Bau sammeln müssten? Unsere Garage in Altona stößt bereits jetzt an ihre Grenzen. Im Grunde aber interessiert uns nur eines: Wie sieht der nächste Schritt aus? Was wollen wir, und wie können wir das erreichen?

Peter Lustig für Fortgeschrittene

 Wir fahren über einen rumpeligen Feldweg. Sind wir hier noch richtig? Carsten checkt das Navi. Ja, müsste stimmen. Na gut, weiter geht es im Slalom um die Schlaglöcher. Noch ein paar Meter und jetzt rechts in den Wald hinein. Zwischen den Bäumen an den Rändern des Weges erkennen wir kleine Häuschen und Gärten. Kaum zu glauben, dass hier Menschen wohnen. Es scheint alles so naturbelassen zu sein, wir sind wirklich mitten im Wald. An unserem Ziel angelangt, kommt uns Christine entgegen, eine herzliche Frau um die fünfzig, stilecht in Gummistiefeln und Parka, und begrüßt uns gut gelaunt. Wegen ihr sind wir hier – und wegen ihrer Art zu wohnen. Ich strecke ihr neugierig die Hand entgegen, habe aber Schwierigkeiten, mich auf sie zu konzentrieren. Mein Blick wandert abgelenkt hinter sie. Dort steht es. Ihr Tiny House. Von der Seite betrachtet, sieht es aus wie ein normaler, super renovierter Bauwagen. Die Außenverkleidung auf dem metallenen Fahrgestell ist vollständig aus Holzpaneelen. Später wird uns Christine erzählen, dass sie das Holz regelmä-

ßig für die Witterungsbeständigkeit einölt. Eine kleine Terrasse mit einer Treppe führt zum Eingang. Ich sehe warmes Licht durch die Fenster scheinen, und aus dem Ofenrohr puffen Rauchwölkchen. Christine erklärt uns, dass es eigentlich zwei Bauwägen sind, die in der Mitte miteinander verbunden wurden, um mehr Raum zu erzeugen. Jetzt, wo sie es sagt, erkenne ich zwei Deichseln. Eine an der Seite zum Weg, von dem wir kamen, eine nach hinten hinaus zu Christines großem Garten. Von der Front aus betrachtet, macht sich das ganze Ausmaß ihres Doppelbauwagens bemerkbar. Allein viereinhalb Meter breit. Und was ist das da hinten noch? Zwei Erker, die sich ein- und ausfahren lassen. In dem einen ist das Badezimmer im anderen ein begehbarer Kleiderschrank. Wow!

Ist das nun ein Bauwagen oder ein Tiny House? Oder etwas ganz anderes? Ganz ehrlich? Keine Ahnung. Manchmal glaube ich wirklich, dass hier ein neuer, schicker Name auf ein altes Modell geklebt wird. Die einzigen zwei Dinge, die mir als Unterscheidung einfallen, sind vielleicht diese: Ein Bauwagen ist eigentlich immer eine Röhre auf einer Ebene und hat in der Regel keine zivilisatorischen Annehmlichkeiten wie eine Wasserversorgung oder Strom. Ein Tiny House hat sehr oft noch eine zweite Ebene, um den Schlafbereich, einen Schrank oder etwas in der Art aus der kleinen Grundfläche auszugliedern – und es ist auch nicht immer mobil, hat also nicht unbedingt Räder. Außerdem profitieren die Tiny Houses heute von technischen Neuentwicklungen, die wir dem steilen Aufschwung in der Camping-Industrie zu verdanken haben. Meine Hamburger Stadtwohnung war eine olle Absteige gegen die modernen Wohnmobile – Kreuzfahrtschiffe auf Rädern –, die man heute so sieht. Wer Camping immer noch mit Dosenbier, Adiletten und Vokuhila verbindet, der hat sich schon lange nicht mehr auf Reisemessen umgesehen. Heißt das inzwischen nicht sogar Glamping? »Glamouröses Camping«. O Mann!

Christines Häuschen hat definitiv einen hohen Standard. Ich habe sie über die Website des gewerblichen Anbieters kennengelernt, der ihr Haus gebaut hat. Nun zeigt sie Interessenten ihr Zuhause. Neben ihrer Variante gibt es das Modell noch in weiteren Größen, allesamt ziemlich luxuriös ausgestattet. Der größte Wagen hat eine Grundfläche von vierundvierzig Quadratmetern. Auch die kleineren Wägen lassen sich so zusammenstellen, dass man insgesamt auf fast einhundert Quadratmeter kommt. Innen drin? Sehr schick alles! Christine geleitet uns in ihr gemütliches Heim und erzählt dabei von ihrem Leben. Es ist das erste Mal, dass sie auf so eine Art und Weise wohnt. Die letzten Jahrzehnte lebte sie, genau wie viele andere Menschen auch, in einer Mietwohnung. Mit einem Leben in einem Bauwagen oder Tiny House hat sie sich nie beschäftigt – bis sie als Projektmanagerin für die Tiny-House-Firma anfing. Jetzt wohnt sie schon seit einigen Jahren in ihrem Häuschen und möchte nicht mehr zurück. Christine wirkt äußerlich nicht besonders unkonventionell. Sie fällt auf der Straße nicht auf, hat weder bunte Haare noch Nietenarmbänder. Sie ist ein normaler Mensch, der das Leben mit der Natur genießt und dessen Zuhause Räder hat.

Beim Eintreten spüre ich als Erstes die Wärme. Nicht so eine trockene, unangenehme Heizungsluft, sondern die wohlige Wärme eines Feuers, das im Kamin brennt. Es ist November und schon ziemlich frisch draußen. Das macht den Kontrast noch stärker. Ich will mich am liebsten sofort mit einem Kakao und Marshmallows vor den Kamin setzen und einfach gar nicht mehr aufstehen. Das geht aber nicht, da ich viel zu begeistert von dem Häuschen bin und mir alles genau ansehen will. Nach dem Eintreten stehen wir direkt im Esszimmer. Ein großer Tisch für viele Gäste prangt in der Mitte und auf der linken Seite eine Küche, die der in einer normalen Wohnung in nichts nachsteht. Alles aus einem Guss und super schick. Das gemütliche Sofa vor dem Kamin schreit förmlich meinen Namen und will, dass ich mich auf der Stelle einkuschle. Der Blick nach rechts zeigt uns ein kleines Arbeits- und das Schlafzimmer. Sowohl der Schreibtisch als auch das Bett lassen sich einklappen, wenn man mal mehr Platz braucht. Und es sieht trotzdem gut aus! Kein Vergleich zu diesen klobigen, hässlichen Schrankbetten, die ich noch von früher kenne. Jetzt sehe ich die Erker auch von innen. Kleiderschrank und Bad sind wirklich edel. Ich habe gar nicht so viele Klamotten, mit denen ich diesen Schrank füllen könnte. Verrückte Welt. Alles in allem sieht das Häuschen aus wie ein skandinavisches, weißes Schöner-Wohnen-Paradies. Und so ordentlich. Ich bin ja eher von der Fraktion »Ein Genie beherrscht das Chaos«, aber ich bestaune die Fähigkeit zum Ordnunghalten durchaus. Neben den schicken Möbeln, der topmodernen Küche und dem geräumigen Innenleben des Ganzen ist die Raumluft einfach unglaublich. Wir merken richtig, wie die Wände atmen. In der Stadt, in unserer Wohnung, sind wir im Grunde vollkommen von der Außenwelt abgeschnitten. Beton, Klinker, quasi hermetisch verriegelte super Thermo-Irgendwas-Fenster – Luftaustausch? Na, da müsst ihr eben lüften, ist doch klar. Im Winter? Ja, auch da. Am besten mindestens dreimal am Tag jeweils fünfzehn Minuten. Ja, auch bei Regen und Minusgraden. Wenn nicht, dann schimmelt es eben bei euch. Aber ehrlich gesagt, das passiert wahrscheinlich auch, wenn ihr lüftet. Ich kenne kaum eine Hamburger oder Bremer Wohnung, in der Schimmel nicht dazugehört. In Bremen hatten wir sogar einmal unter den Tapeten überall komplett schwarze Wände. Der Hauswart kam mit einem Chlorspray und meinte: »Einfach überallhin sprühen, dann geht das weg. Gar kein Problem.« Auch im Schlafzimmer neben dem Bett? Natürlich, denn jeder weiß, dass Chlor einfach richtig Spaß macht. Wer will das nicht die ganze Zeit einatmen? Immerhin hat man die Wahl zwischen Sporen und Chlor, Pest und Cholera. Yeih. Hier gibt es keine hermetische Verriegelung. Ich spüre den Luftaustausch geradezu. Und mir ist sofort klar: Auch für uns muss es auf jeden Fall ein Holzhaus werden.

Bevor wir Christine treffen, hängen wir noch immer an der Frage fest: Was wollen wir eigentlich? Diese Frage ist vermutlich zugleich die einfachste und die schwerste, die wir uns stellen können. Sie geht leider auch immer mit diesem anstrengenden »Sich-selbst-Kennenlernen« einher. Was da so alles zum Vorschein kommt. Oi. Früher, als ich noch sehr jung war und zu Hause bei meinen Eltern wohnte, dachte ich es bereits zu wissen. Ich wollte Karriere machen, und zwar so richtig. Alle verrückten und bunten Träume tat ich als kindliche Naivität ab, die es zu überwinden galt. So machen das doch Erwachsene, oder? Mit den Jahren erschien mir das aber immer ungemütlicher. Ein bisschen Farbe und Verrücktheit macht das Leben doch erst witzig. Auch Carsten half mir dabei, mein Wesen wieder ungefiltert auszuleben. Alles, was ich in der Pubertät aus einem verqueren Coolness-Gedanken und später aus einem vermeintlichen Erwachsenen-Gedanken heraus vergrub, kam wieder an die Oberfläche. In den Tag hineinleben, Disney-Soundtracks lauthals mitschmettern, im Supermarkt zu einem fröhlichen Lied einfach lostanzen, Tauben jagen – einfach leben. (Nachtrag: Beim Schreiben dieses Buches wurden keine Tauben verletzt.) Das sind unwichtige und alberne Dinge? Das Leben ist eine Aneinanderreihung von schweren Entscheidungen und von »Was muss, das muss«? Ja, manchmal. Aber für mich ist mein inneres Kind ein sehr wichtiger Bestandteil von allem, was ich tue. Besonders, wenn ich es mit Leidenschaft tue. Wie oft bewundern wir Kinder heutzutage. Dafür, dass sie sich über kleine Dinge freuen können. Dafür, dass sie ohne Scheu auf andere Kinder zugehen. Dafür, dass sie ehrlich sind und ohne Angst zu sein scheinen. Mit zunehmendem Alter werden uns diese Eigenschaften immer fremder. Ehrlichkeit wird zu Schwäche und fehlendem diplomatischen Geschick. Sich über kleine Dinge zu freuen, wird mit einem Stirnrunzeln belächelt. Wenn uns fremde Menschen ansprechen, sind wir allzu oft irritiert oder genervt. Wir haben ja keine Zeit, was will der denn überhaupt? Eigentlich schade. Ich sage nicht, dass ich ohne Scheu bin oder immer ehrlich. Ich sage nur, ein lebendiges inneres Kind ist schon eine ganze Menge wert.

So stehe ich da, mit offenem Herzen, einer kindlichen Vorstellung davon, glücklich sein zu wollen, und der Frage: Was will ich wirklich? Es ist klar, so kann es nicht weitergehen. Der Vanlife-Traum ist geplatzt, aber ich habe daraus gelernt. Die Erfahrungen der gescheiterten Touren haben mir gezeigt, dass ich mein Leben ändern muss. Nicht nur ein paar Tage oder Wochen im Jahr fliehen, sondern einen völlig neuen Status quo erschaffen. Auf der anderen Seite will ich Gemütlichkeit. Ich fange an, mich in die Recherche zu stürzen. Das ist einfach mein Ding. Ja, ich gebe es zu, ich bin ein Internet-Süchtling. Das soll nicht heißen, dass ich den Computer nicht auch sehr gerne mal ausschalte. Ich liebe aber einfach die Inspiration durch andere Menschen. Die meisten Menschen, die ich kenne, führen ein relativ »normales« Leben. Wie Sarah. Sie machen normale Jobs, leben in normalen Wohnungen, haben normale Hobbys. Dagegen ist rein überhaupt nichts einzuwenden, aber es löst in mir eben nicht gerade riesiges Verzücken aus, geschweige denn Inspiration und Begeisterung. Dafür habe ich dann das Internet. Es gibt glücklicherweise unfassbar viele verrückte Menschen. Menschen, die voller Neugier einfach nicht anders können, als die ausgetretenen Pfade zu verlassen. Geborene Tester. Ich kenne diese Menschen nicht. Sie sind Einsen und Nullen im Netz. Dennoch erlauben sie mir, in ihre Gedankenwelt einzutauchen und zu denken: »Wow, echt? Das geht? Ist ja großartig!« Macht es diese Form der Inspiration weniger echt, weil sie nicht in meinem analogen Leben stattfindet? Weil es Cyber-Inspiration ist? Ich glaube nicht. Woher die Erleuchtung kommt, ist doch wurscht. Simba hat sich von einem Affen mit einem Stock auf den Kopf schlagen lassen. Hat bei ihm funktioniert. Bei mir ist es halt der Cyber-Stock. Tut nicht ganz so doll weh, hallt aber auch nach.

Bevor ich die ersten Tiny Houses auf meinem Bildschirm aufblitzen sehe, mache ich erst mal Bekanntschaft mit der Bauwagen-Community. Räder. Das Mobile ist mir einfach wichtig. Einerseits gefällt mir der Umweltaspekt, für mein Haus keine weitere Flächenversiegelung durch ein Betonfundament oder Ähnliches zu verursachen. Damit greifen wir nicht mehr als nötig in unsere Umgebung ein, erhalten den Tierchen weiterhin ihr Habitat und geben dem Wasser eine Möglichkeit zu versickern. Ein weiterer Pluspunkt der Räder ist die Mobilität, die ein Bauwagen bietet. Je schneller ich das Gefühl habe, eingeengt und gefangen zu sein, desto eher will ich ausbrechen. Etwas in mir lässt sich nicht gerne in feste Bahnen zwängen. Für mich stellt ein ortsgebundenes Haus momentan eine solche Gefangenschaft dar. Ich will nicht gezwungen sein, dauerhaft an einem Ort zu verharren. Außerdem will ich nicht immer wieder Arbeit in etwas stecken, das ich dann wieder zurücklassen muss, wenn ich ausziehe. Bauwägen also. Die finde ich schon länger spannend. Aber ich hätte nie gedacht, dass ich mich mal ernsthaft damit auseinandersetze, in einem zu wohnen. So wie Peter Lustig. Tja, die Dinge ändern sich. Vor allem, als ich sehe, wie Bauwägen heutzutage so aussehen können.

Klick! Da ist eine Herstellerseite von einem Unternehmen aus Lüneburg. Einfach megacool! Alles sieht so unglaublich schick aus. Holzkunstwerke auf Rädern. Es gibt runde Buntglasfenster, kunstvoll gearbeitete und geschnitzte Türen und Einbauten oder organisch wirkende kleine Badezimmer mit bunten Steinfliesen. Die Wägen sind aus ökologisch nachhaltigen Baustoffen. Als Isolation gibt es Holz- oder Hanffaser. Ah, der hier ist mit Schafwolle gedämmt. Das geht auch? Wer hätte das gedacht! Hauptsache keine Steinwolle oder Styropor, da freut sich die Lunge.

Michael Braungart, Vordenker des Vereins für Bildung und Kreislaufwirtschaft »Cradle to Cradle«, zeigt in einem beeindruckenden Vortrag, wie übel die Raumluft in städtischen Wohnungen wirklich ist. Durch die billigen und gasdichten Baumaterialien ist sie in Innenräumen etwa drei- bis achtmal schlechter, als die städtische Außenluft. Braungart untersucht seit knapp drei Jahrzehnten Muttermilchproben und konnte feststellen, dass die am stärksten ansteigenden Stoffe darin die Flammschutzmittel aus dem Styropor der Häuser sind. Süffisant fügt er hinzu, dass man als Frau nichts Besseres für seine Entgiftung tun kann, als ein Kind zu stillen.

Das ist es doch! Ein Bauwagen ist gesund, naturnah, etwas größer als ein Bulli, aber nicht zu groß. Die geniale Lösung für uns! Ich zeige Carsten ein paar Modelle und grinse ihn mit hoffungsvollem Blick an. Doch er reagiert mit einem Schulterzucken: »Meh.« Gerade, wenn du denkst, du kennst deinen Partner, dreht er sich um und läuft in die andere Richtung. Er sagt, Bauwägen gäben ihm nichts, in so was müsse er nicht leben. Zu viel Verzicht. Kein Strom, kein fließend Wasser, irgendwie rudimentäre Steinzeit. Ich grabe immer schickere Wägen aus, um ihn umzustimmen, aber ich habe keine Chance. Dieser sture Bock! Doch wer im Glashaus sitzt ...

Während wir so bei Christine am Esstisch sitzen und gemeinsam einen Tee trinken, scheint Carsten den jetzigen Eindruck aber gar nicht mit einem Bauwagen zu verbinden. Schon eher mit einem Tiny House. Vor allem aber mit der Möglichkeit, ein innovatives, technisch modernes Ökoprojekt auf die Beine zu stellen. Diese Vorstellung von einem Experiment, von Autarkie ist es, weswegen wir hier gelandet sind.

Als ich merke, dass ich mit einem Bauwagen keinen Blumentopf bei Carsten gewinnen kann, recherchiere ich weiter. Und da sind sie dann. Die Tiny Houses. Sie schleichen sich von hinten an und schreien: »Wieso hast du uns nicht längst gefunden? War doch klar, dass es auf uns hinausläuft!« Diese kleinen, autarken Häuschen, die aussehen wie frisch aus Bullerbü – nur eben auf einem Anhänger. Strom? Solarpanels machen es möglich. Wasser? Kanister und Gründächer für die Wasseraufbereitung. Wenn das Häuschen auf einem festen Platz steht, kann man es an Abwasser und Strom anschließen, vielleicht einen Klärteich anlegen. Je nachdem, was eben so da ist. Die ganz kleinen Varianten können sogar von normalen Pkws gezogen werden. Okay, jetzt vielleicht nicht von einem Fiat Punto. Diese monströsen Allrad-SUVs mit praktischen 250 PS für den dichten Stadtverkehr, die heutzutage anscheinend zum Einkaufen und Kinder in die Schule bringen notwendig sind, die schaffen das aber auf jeden Fall. In Tiny Houses gibt es richtige Küchen, meistens ein kleines Loft zum Schlafen und natürlich Badezimmer – eben alles, was der Mensch heute so zum Leben als wichtig erachtet. Ich wackle schon mal fröhlich mit der Nase und denke: Aha, Schlupfloch! Das ist doch einfach ein Bauwagen, der sich als Haus tarnt. Ich drehe zögerlich meinen Laptop-Bildschirm zu Carsten um. Seine Augen fangen an zu leuchten. Diese ganze verbaute Öko-Technik! Die Art der Energiegewinnung und -speicherung! Die nachhaltigen Baumaterialien! Und zack, schon habe ich meinen Komplizen. Aus der Vorstellung, in einem ranzigen, rudimentären Bauwagen zu leben, wird die Vision, ein ökologisch nachhaltiges Häuschen mit Zukunftstechnologien zu entwickeln.

Bei Christine sehen wir zum ersten Mal live, wie so etwas aussehen kann. Wir bleiben noch eine Weile bei der zweiten Tasse Tee sitzen und reden. Ich finde sie faszinierend. Sie ist der erste erwachsene Mensch, den ich kenne, der ganz offen und entspannt über alternative Lebensformen erzählt und der dem Ganzen nicht nur positiv gegenüber eingestellt ist, sondern diese Einstellung sogar selbst lebt. Nach diesem Treffen haben wir Christine nicht wiedergesehen. Aber ich danke ihr immer noch für die Gelegenheit, einen ersten Blick in meine Zukunft werfen zu können.

Wieder zurück in Hamburg, schicke ich Sarah den Link zu Christines Häuschen und schwärme davon. »Das sieht ja ganz nett aus, ist aber eher was für ein Wochenende, meinst du nicht? Hier schau mal. Es gibt diese Baugenossenschaft, da kannst du Anteile erwerben, und später kannst du dir eine richtige Eigentumswohnung kaufen. Das ist was Vernünftiges. Da hast du richtig etwas davon.«

So langsam frage ich mich, wieso ich mit Sarah überhaupt noch über diese Themen rede. In ihrer Welt existieren Alternativen einfach nicht, nicht wirklich. Es gibt eine Norm, und an die hat man sich bitte schön auch zu halten. Es hat ja schließlich einen Grund, dass die Dinge so sind, wie sie sind. Veränderung? Ach was, wären diese Dinge möglich, hätte sie doch schon längst jemand gemacht. Vielleicht hat es schon jemand gemacht, und du bekommst es in deinem Kokon einfach nicht mit? Unvorstellbar!

Für uns ist es auf jeden Fall vorstellbar. Sehr gut sogar. Wir wollen jetzt ein Tiny House, ganz klare Sache. Da gibt es nur noch ein winziges Problemchen: Woher nehmen, wenn nicht stehlen? Christines Zuhause liegt so etwa bei 120 000 Euro. Krass. Mal ganz abgesehen davon: Wo sollen wir denn so ein Haus überhaupt hinstellen? An die Straße vor unsere Wohnung? Öhm, joa, das fände die Polizei bestimmt nicht bedenklich. Es gibt für uns also zwei Probleme zu lösen: Geld und Platz. Wir überlegen hin und her. Gibt es doch eine Möglichkeit, das Geld irgendwie zusammenzubekommen? Können wir nicht doch auch einen Stellplatz in der Stadt finden? Aber was ist dann mit der Natur, nach der wir uns ebenso sehnen? Wenn ich ehrlich bin, suchen wir nach einem einfachen Weg, einer Abkürzung, mit geringem Arbeitsaufwand, dafür aber mit dem besten Ergebnis. Das hat schon beim Kauf des Bullis nicht funktioniert. Ein fertiger Camper lag einfach außerhalb unserer Reichweite. Sind wir am Ende dennoch ans Ziel gelangt? Ja! Hat das um einiges mehr an Arbeit bedeutet? Wiederum ja. Hat es uns letzten Endes aber auch ein wesentlich besseres Gefühl beschert, als wenn wir einfach etwas Fertiges gekauft hätten? Davon können wir mal getrost ausgehen.

So schön Christines Zuhause auch ist und so sehr mein innerer Schweinehund manchmal einfach nur im Körbchen chillen möchte, so sehr weiß ich auch: Wenn wir wirklich unseres eigenes Tiny House haben wollen, dann müssen wir wohl oder übel selber eins bauen. Der Kauf eines fix und fertigen Hauses ist einfach keine Option. Ich weiß beim besten Willen noch nicht, wie oder wo wir den Bau umsetzen, aber ich weiß, dass wir das Bulli-Recycel-Projekt auf ein neues Level heben müssen. Wenn wir genug Teile für einen Camper finden, wieso dann nicht auch für ein kleines Häuschen? Die Vorstellung begeistert mich, und ich habe immer stärker das Bedürfnis zu beweisen, dass selbst so ein Tiny House auch mit wenig Geld und einem Minimum an handwerklichem Geschick möglich ist.

Außerdem entspricht es meines Erachtens nach absolut nicht der Grundidee der Tiny-House-Bewegung, sich mal eben für 100 000 Euro ein Haus zu kaufen. Die ersten Menschen, die sich damit in den USA auseinandersetzten, sahen sich durch die stark explodierenden Mietpreise dazu gezwungen, Alternativen zu finden. Und auch hierzulande machen immer mehr Menschen diese Erfahrung. Locker ein Drittel unseres Gehalts flutscht mal eben jeden Monat durch unsere Hände direkt weiter zum Vermieter. Beim Kauf eines Hauses oder einer Wohnung dann eben direkt in die Hände der Bank. In den Städten ist es besonders heftig. Es ist die Krux unserer Zeit. Wir müssen in den Städten leben, weil dort die Jobs sind, aber eigentlich können wir uns das Leben dort nicht leisten. So landen wir wieder im Teufelskreis aus Arbeiten und noch mehr Arbeiten. Ich will das nicht, ich will da raus. Der Plan des Tiny Houses Marke Eigenbau manifestiert sich immer mehr.

Ab jetzt heißt es, ein paar Details herauszufinden. Wir wollen wissen, wie unser Tiny House aussehen könnte. Schließlich gibt es hier so viele verschiedene Varianten wie bei normalen Häusern auch. Von Riesenwägen bis zu kleinen Anhängern. Ein Schreiner aus Nordhessen hat sich überlegt, dass ein Tiny House auf Rädern nur dann sinnvoll ist, wenn ich es auch offiziell auf deutschen Straßen bewegen darf. Die Baupläne aus den USA entfallen daher meistens schon wegen der strengeren Gesetze hierzulande. Daher baut er Acht-Quadratmeter-Häuschen, die man ganz entspannt mit einem Pkw von A nach B ziehen kann. Das bedeutet extreme Flexibilität, aber auch wirklich sehr wenig Platz. Für das tägliche Darin-Wohnen wird es ganz schön eng. So sehr ich mir Mobilität für mein Zuhause wünsche, so sehr bin ich mir doch auch sicher, dass ich das Haus nicht jede Woche umsetzen werde. Dann lieber mit etwas mehr Aufriss versetzbar, dafür aber im Alltag nicht nur eine Hutschachtel. Und das von der Frau, die in einem Bulli leben wollte. Ja, ich weiß. Was soll ich sagen? Da dieser Traum vorerst passé ist, will ich jetzt auch das gute Leben genießen. Und das fängt bei mir so etwa bei zwanzig Quadratmetern an. Basta!

Carsten und ich stecken die Köpfe zusammen. Über die Größe sind wir uns einig. Was bedeutet das aber für den Bau an sich? Wie wollen wir es angehen? So ein, ich nenne es mal »Original Tiny House« wird in der Regel von der Pieke auf vollständig neu gebaut. Alles fängt mit einem möglichst stabilen Anhängergestell in der Größe des gewünschten Hauses an. Darauf errichten die Bauherren Boden, Wände mit Fenstern sowie Türen und Dach. Noch ein paar Einbauten, und voilà, fertig ist das Tiny House. So zumindest der Vorgang im Zeitraffer. Zwei Gründe lassen Carsten und mich jedoch hadern, ob das der richtige Weg für uns ist. Zum einen erfordert ein solcher Bau extrem viel Material, schließlich müssen wir jedes noch so kleine Detail vollständig neu auf dem blanken Anhänger errichten. So viel Baumaterial müssen wir erst einmal sammeln. Zum anderen sind wir beide nun mal keine Tischler. Obwohl besonders Carsten schon reichlich handwerkliche Erfahrung in seinem Leben sammeln konnte, habe ich Bedenken. Würden wir alles richtig berechnen? Oder würde das gute Stück anschließend über uns wie ein Kartenhaus zusammenbrechen?

Das bringt die Bauwägen zurück auf unsere Liste, und ich muss ein wenig schmunzeln, wenn ich mir Carstens ursprüngliche Abneigung vor Augen halte. Es geht darum, eine Basis zu haben, auf der wir aufbauen können, um uns unseren Traum von einem DIY-Tiny-House zu erfüllen. Ich flüchte mal wieder ins Netz und konsultiere eBay-Kleinanzeigen. Diese hübschen, perfekt fertig ausgebauten Traumwägen fallen wohl aus. Dann können wir gleich ein fertiges Tiny House kaufen, das nimmt sich nichts. Wir sind einem Trend auf der Spur, das können wir nicht mehr leugnen. Doch mir ist nicht klar gewesen, wie sehr sich dieser Hype entwickelt hat. In Hamburg komme ich regelmäßig an zwei Wagenplätzen vorbei, und die sehen für mich immer recht trist aus. Eng zusammengepfercht geparkte, rudimentär zusammengebastelte Wohntrailer oder kleine Busse, nicht gerade wahnsinnig charmant fürs Auge. Es gibt bestimmt auch andere, schönere Plätze, und wer weiß, vielleicht sind die Wägen von innen ja auch super gemütlich und schick. Von außen lässt sich das allerdings nicht erkennen. Obwohl ich mir ein Leben in so einem Wägelchen für mich gut vorstellen kann, verbinde ich doch auch das Gros des Bauwagenlebens ursprünglich mit der radikal linken Szene und einer »Leckt-mich-doch-alle-am-Arsch«-Attitüde. Ein Blick ins Netz zeigt mir meinen Irrtum auf. Selbst ein stark gebrauchter, definitiv renovierungsbedürftiger Bauwagen ist ruckzuck teuer verkauft. Es scheint fast, als wollte auf einmal jeder einen kleinen Prestige-Wagen bei sich stehen haben. Wir schrauben unsere Vorstellungen runter, und aus dem Wunsch, einen vollständig intakten Wagen zu finden, wird »erschwinglich und so etwa acht Meter lang«. Substanz? Nicht so wichtig. Hauptsache, das Gestell ist robust und das Ding ist fahrtüchtig. Später können wir immer noch Ausbesserungsarbeiten vornehmen, neu isolieren, vielleicht auch verkleiden, stabilisierende Elemente einbauen und unser Schlafloft draufsetzen. Denn das muss schon sein. Ich liebe es, in eine Kuschelhöhle reinzukriechen. Bei unserem kleinen Slow ist es das Gleiche. Wenn ich auf die Matratzen krabbele und die Vorhänge zuziehe, ist es wie eine eigene, kleine Welt. Wir sperren das Außen kurzzeitig aus und genießen unsere private Schlafnische. Das will ich auch in unserem neuen Zuhause nicht missen. Mal ganz abgesehen von der Platzfrage. Wenn wir das Bett aus der Grundfläche herausnehmen können, haben wir für alles andere auch mehr Raum. Hauptsache, nicht zu viel, denn neben dem Wunsch nach Veränderung, Natur und einem von Druck befreiteren Leben, steht das Tiny House vor allem noch für eine weitere Komponente: Minimalismus. Oder, sagen wir vielleicht eher: Weg vom ungezähmten Überschuss!

Ich habe es satt. Immer stehen unsere kleinen Stadtwohnungen voll mit Krempel. Selbst der Keller quillt über. Was um Himmels willen ist das nur alles? Manchmal wühle ich im Kleiderschrank herum und nehme nicht wie sonst das erste Teil oben auf dem Stapel. Dann sehe ich nach, was dahintergefallen ist. Vielleicht beim Aufräumen so einmal im Jahr. Pullis, Tops, Hosen – auf einmal kommen Klamotten zum Vorschein, bei denen ich nicht mal wusste, dass ich sie noch habe. Das spricht nicht gerade für meine ungezähmte Liebe für diese Kleidung. Oder die Küchengeräte. In einer Anwandlung von Häuslichkeit habe ich mir eine Küchenmaschine besorgt. So ein »All-in-One«-Ding zum Häckseln, Raspeln, Mörsern, Mixen und Rühren. Eigentlich toll und so irre praktisch. Aber um die Maschine zu benutzen, muss ich sie erst mal vom Schrank ganz oben mit einer kleinen Leiter herunterholen, dann den richtigen Aufsatz finden, sie anschließen und nach meinem Küchenzauber wieder sauber machen und wegräumen. Ich bin ohnehin keine leidenschaftliche Köchin und tue es, ehrlich gesagt, eher selten. Das Ende vom Lied ist, dass die Maschine auf dem Schrank einstaubt und ich die drei Möhren und den einen Fenchel für meine Kochattacken zweimal im Monat schnell von Hand schnipple. Aber das Ding steht natürlich immer noch oben auf dem Schrank. Das sind nur zwei Beispiele für den Berg an unnützen oder zumindest ungenutzten Dingen, die Carsten und ich im Laufe der Jahre angeschafft haben. Bei jedem unserer zahlreichen Umzüge mussten wir locker vierzig Kartons oder noch mehr packen, ganz zu schweigen von den sperrigen Einzelteilen, nur um den ganzen Kram in der nächsten Wohnung wieder zu ignorieren. Brillantes Konzept. Das soll endlich ein Ende haben. Ich will meinen Besitz wieder wertschätzen, und dafür muss so einiges verschwinden. Ein Tiny House ist eine super Ausgangslage dafür.

»Was sind sie dir denn wert?« Ich stehe gerade hinter dem reich gedeckten Tischlein in einer alten Industriehalle in Hamburg-Wilhelmsburg. Es ist Flohmarkt, und wir haben einen großen Teil unseres Hab und Guts auf einem alten Tapeziertisch ausgebreitet. Ein interessierter Käufer wendet unentschlossen ein paar Teller in seinen Händen hin und her und fragt mich nach dem Preis. Eigentlich wollte ich zu einem anderen Indoor-Flohmarkt in der Fabrik im Stadtteil Ottensen. Aber da gibt es lange Wartelisten, und schon fünf Minuten nachdem die Leitungen freigeschaltet werden, sind alle Plätze vergeben. Wieder einmal etwas dazugelernt. Wer hätte gedacht, dass es einen derartigen Ansturm auf Standplätze bei einem Flohmarkt gibt? Deswegen Wilhelmsburg. Hier gefällt es mir. Ich bin gerade mit äthiopischem Essen auf einem Pappteller wieder zurück zu meinen Stand geschlappt. Lecker. Neben der kulinarischen Versorgung spielt hier auch Musik. Eine bunte Mischung an Menschen versammelt sich in der Halle, lacht, redet, verhandelt. Ein schöner, turbulenter Sonntag. Carsten und ich haben über die letzten Tage alle möglichen Dinge zusammengesammelt, die wir zukünftig nicht mehr in unserem Leben haben wollen. Nun bieten wir diese Dinge an, die uns jahrelang begleitet haben und die wir heute das erste Mal richtig anzusehen scheinen. Der große Ausverkauf hat begonnen. Am Anfang fühlt es sich gar nicht gut an. Ja, ich weiß, ich habe dieses edle Tafelservice schon seit über einem Jahrzehnt, und es ist immer noch ungeöffnet in der Originalverpackung. Ich hatte immer Angst, dass die Teller kaputtgehen, und außerdem habe ich in meinem Leben noch nie eine edle Dinner Party gegeben, bei der ich das Geschirr hätte brauchen können. Aber vielleicht brauche ich es ja doch irgendwann mal. Ich frage mich nur, wann ich eigentlich das Alter für gesittete Dinner Partys erreiche. Oder die DVD-Sammlung. Ja, wir haben nur noch ein einziges, funktionierendes Laufwerk an einem alten Rechner und keinen DVD-Player mehr. Außerdem streamen wir inzwischen sowieso alles über Amazon oder Netflix, aber wer weiß? Vielleicht geht das Internet ja mal kaputt. So ein kleines Postapokalypse-Szenario. Oder Netflix wird gehackt. Was dann? Und die wundervollen Tupperdosen zum Einfüllen von Säften? Wann haben wir eigentlich das letzte Mal eine Tüte Saft gekauft und nicht sofort ausgetrunken? Hm. Der Sandwich Maker! Bist du des Wahnsinns! Den nutze ich bestimmt bald mal wieder, auch wenn wir eigentlich nie Toast kaufen. Aber so was gehört doch einfach in einen Haushalt. Immerhin haben wir keine Salatschleuder, dann sollten wir wenigstens den Sandwichmaker behalten.

So reiht sich Nippes an Nippes, Ungenutztes an Ungenutztes. Ich verhandle nicht besonders hart. Ich habe vor allem ein Ziel: Ich möchte nichts mehr nach Hause mitnehmen. Zum einen habe ich keine Lust, wieder alles im Auto einzuladen, und zum anderen sehne ich mich nach dem befreienden Gefühl, schon einmal einen Teil meines ganzen Ballasts los zu sein. Am Ende verschenke ich auch Dinge. Die Kuschelseerobbe an den kleinen Jungen, der am Stand vorbeiläuft, den Teekocher an einen Mann, der sehnsüchtig daraufstarrt. Und doch werde ich zu Anfang wehleidig, als ich meine ganzen Habseligkeiten auf dem Tisch liegen sehe. Aber auch wirklich nur zu Beginn. Danach mache ich eine spannende Entdeckung: Es fehlt mir nichts, und nach ein paar Tagen habe ich schon fast vergessen, was alles die Hände gewechselt hat. Und wenn ich doch noch weiß, dass ich es mal besaß, frage ich mich heute, wieso eigentlich. Ich würde auch heute von mir nicht behaupten, dass ich ein spartanisches oder dogmatisch minimalistisches Leben führe. Ich mag Dinge. Ich mag Farbe und ein wenig Chaos um mich herum. Manche Dinge nutze ich vielleicht nicht, es sind die berühmten Stehrumchen, aber ich erfreue mich an ihrem Anblick. Von meiner Oma habe ich ein Set bunter Römergläser geerbt. Schon als Kind liebte ich diese Gläser. Sie standen immer in dieser Vitrine, umgeben vom Eiche-Rustikal-Look, und zauberten ein wenig Freude in das triste Einheitsbraun. Ich benutze sie nie, wirklich niemals. Nicht einmal schräg angucken darf man sie. Ich habe viel zu viel Angst, dass sie kaputtgehen könnten. Aber sie erinnern mich an meine Oma, die ich sehr liebte, und an meine Gefühle damals als Kind. Aus praktischer Sicht haben sie natürlich überhaupt keinen Nutzen, aber sie haben einen starken ideellen Wert für mich. Danach gehe ich beim Ausmisten meines eigenen Besitzes auch vor. Nutze ich es? Wenn nicht, ist es mir wichtig für mein seelisches

Wohlbefinden? Kann ich nicht wenigstens eine der beiden Fragen mit einem ganz klaren »Ja« beantworten, fliegt es raus. Das funktioniert für mich sehr gut und wird mit der Zeit auch immer einfacher. Ich kaufe inzwischen auch fast nichts mehr, mal abgesehen von normalen, täglichen Verbrauchsmaterialien wie Lebensmitteln. Für die meisten Dinge habe ich ohnehin keinen Platz, und alles andere, was ich benötige, habe ich meistens schon. Wenn ich doch mal etwas anschaffe, dann eher gebraucht. Die Beschäftigung mit recycelten Materialien erzeugt bei mir einen Sinneswandel. Anfangs bin ich überrascht, wie viel die Menschen verschenken. Heute bin ich fast schon ein bisschen geschockt. Wie viel kaufen wir ständig gedankenlos und haben dann offenbar überhaupt keine Verwendung dafür? Dann drehen wir uns um und kaufen sofort wieder etwas Neues. Ich gebe zu, ich war früher keinen Deut besser. Viel zu oft habe ich mich von schön gestalteten Auslagen bezirzen lassen, besonders in so kleinen, bunten Krimskrams-Lädchen. Die sind heute noch meine persönliche Nemesis. Das ist das Problem, wenn du ein hellwaches inneres Kind hast. Wenn etwas lustig ist und leuchtet, dann kann ich nicht widerstehen. Diese Kuscheltiere, die Geräusche machen? Ja, ich bin die, die sie immer gekauft hat. Was soll ich sagen. Ich bin sehr leicht zu erheitern. Schnell daran vorbeigehen, lautet dann meine Devise. Vor allem, da ich weiß, dass ich es zu Hause meist längst nicht mehr so schön finde, wie es im Laden auf mich wirkte. Außerdem kriegt Carsten jedes Mal die Krise, wenn tanzende und singende Hamster oder Tiger um ihn herumlaufen. Das kann ich gar nicht nachvollziehen. Und doch versuche ich, mich auf die richtig wichtigen Dinge zu konzentrieren und wo immer möglich in Kreisläufen zu denken. So viel wird heutzutage produziert und verschrottet. Mir gefällt der Gedanke, den Lebenszyklus eines Produktes so lange wie möglich aufrechtzuerhalten. Ich bin da bestimmt nicht alleine. Es hat einen Grund, wieso Upcycling zu einem regelrechten Trend avanciert ist. Selbst kaputte Dinge oder Schrott können immer noch einem neuen Nutzen zugeführt werden – und sei es der Blumentopf aus einer löchrigen Gießkanne oder das Regal aus alten Obstkisten. Ich bin fest davon überzeugt, dass wir noch viele weitere Jahre mit allem Wichtigen versorgt wären, wenn wir noch heute aufhören würden, mehr neue Dinge zu produzieren. Ganz vorne angefangen bei Klamotten. Second Hand ist heute längst nicht mehr das, was wir von früher kennen. Als ich jünger war, sah die Kleidung in den Schaufenstern der Second-Hand-Läden immer aus wie einem Werbeprospekt für sechzigjährige Damen entsprungen. Heute sind die Läden oft extrem stylish, selbst Online-Plattformen wie Kleiderkreisel oder den Webshop von Ubup gibt es, wo man entspannt von zu Hause aus shoppen kann. Gebraucht statt neu, reparieren statt wegwerfen, aufwerten statt ignorieren. Für mich funktioniert diese Idee sehr gut, und ich fühle mich wohl dabei. Was wir als Müll ansehen, ist schließlich am Ende auch nur eine Definitionsfrage und je nach Situation unterschiedlich. Fast alles, was in unserem Bulli steckt, empfanden andere Menschen als Müll, den sie nur loswerden wollten. Für uns war es gutes Baumaterial, und jetzt steht da ein niedlicher, ausgebauter Camper. Das Gleiche soll auch für unser Tiny House gelten.

Mit dieser Einstellung gegenüber Besitz und Konsumwahn soll unser neues Häuschen nicht wieder zu viel Platz für lauter Überflüssiges bieten. Man muss die Versuchung ja nicht einladen. Zwanzig Quadratmeter hatte mein WG-

Zimmer, als ich noch in Freiburg studierte. Das hat mir damals auch gereicht. Na gut, das Badezimmer und die Küche kamen natürlich noch hinzu. Aber hey, ich mag meinen Mann ja ganz gerne, da darf es auch ein bisschen kuschelig sein. Mal abgesehen davon, kommen ja noch ein paar Quadratmeter hinzu, sobald das Loft steht. Wir schauen weiter, immer auf der Suche nach dem perfekten Wagen. Holz oder Metall? Einfach- oder Zwillingsbereifung? Zwei oder drei Achsen? Vielleicht doch etwas kürzer oder lieber länger? Immer wieder schleicht sich das Gefühl ein, dass wir doch nur einem Trend hinterherrennen.

Das verwirrt mich. Auf der einen Seite entsteht der Eindruck, dass auf einmal alle Leute in einem Bauwagen oder Tiny House leben wollen. Auf der anderen Seite steht unser Freundes- und Familienkreis, mit Menschen wie Sarah, denen die Idee eines Lebens im Bauwagen oder Tiny House vollständiges Neuland ist. Sie sehen ihren Lebensweg eher in einer gut strukturierten und abgesicherten Umgebung. Alternative Lebensmodelle sind für sie gleichbedeutend mit einem starken Verzicht, der ihrem Alltag jeglichen Komfort nehmen würde. Allein die Vorstellung, in einem Bauwagen zu leben, jagt ihnen Angst ein. Vielleicht mal für ein oder zwei Nächte als verrückter Abenteuerurlaub, aber auf keinen Fall zum Leben. Es sei ihnen gestattet. Meiner Meinung nach ist es zum größten Teil egal, wie wir unser Leben führen, solange wir dabei weder uns noch andere verletzen. Das schließt natürlich auch ein bisschen den achtsamen Umgang mit unserer Umwelt ein. Wichtig ist aber vor allem, dass wir in uns hineingehorcht haben und das Leben so führen, weil wir es wollen, und nicht, weil wir glauben, es aus einer gesellschaftlichen Erwartungshaltung heraus tun zu müssen.

Müssen. Da ist der Schlingel wieder. Ob es am Ende auf eine normale Wohnung, ein Tiny House, eine Jurte, eine Villa oder ein Baumhaus hinausläuft, ist doch im Grunde egal. Es lebe die Vielfalt!

Ich frage mich aber so langsam, wo denn die vielen Menschen sind, die meine potenziellen Bauwägen kaufen oder auf Instagram ihre Erfahrungen aus einem alternativen Leben teilen. Gibt es da eine Art geheimen Ort? Wo finde ich diese offenbar unzähligen Gleichgesinnten? Das ist leider noch so ein Nachteil der schillernden Web-Welt. Die gezeigte Wirklichkeit scheint so nah und verlockend. Sie ist aber eigentlich ein stark gefiltertes Konzentrat aus weltweit und oft auch sehr vereinzelt stattfindenden Ereignissen. In einem Channel versammelt und per Hashtag zu finden wirkt ein bestimmtes Phänomen oft verbreiteter, als es in Wirklichkeit der Fall ist.

Es ist Februar geworden. Wir sind fest entschlossen, noch im gleichen Jahr ein bezugsfertiges Tiny House unser Eigen nennen zu können. Aber es ist nicht mehr sehr viel Zeit. Wir haben noch keinen Bauwagen, nicht mal einen in Aussicht, geschweige denn einen Stellplatz. Unsere eigentliche Idee ist es, wie bei einem Hausbau üblich, die meisten Arbeitsschritte im Spätsommer abschließen zu können. Wenn die regnerische und windige Jahreszeit anfängt, will ja keiner mehr in einem halb offenen Zuhause sitzen. Dieser Plan wird scheitern. Wir werden ziemlich oft nass werden.

Vom Bienenwagen in die ehemalige DDR-Unterkunft

 Mit unserem Bulli biegen wir auf ein altes Industriegelände ein. Das Tor steht offen, und wir fahren auf das verlassen wirkende Grundstück. Zwischen Hügeln aus Schotter, Bauschutt und anderen undefinierbaren Überbleibseln einer ehemaligen Betriebsamkeit stehen zwei silberne Metallcontainer auf Rädern. Wir fahren an stark renovierungsbedürftigen Betonbauten vorbei und parken. Als wir die Tür öffnen, kommen uns Wilfried und Anna entgegen. Beim Händeschütteln überlege ich halb im Spaß und halb im Ernst, ob es noch weitere Ausfahrten gibt, falls sich die beiden als Serienmörder entpuppen sollten. Das Gelände ist einfach der perfekte Drehort für ein Teenie Splatter Movie. Noch ein schreiender Soundtrack wie in *Psycho*, etwas Dunkelheit und vielleicht eine taktisch eingesetzte Nebelmaschine – läuft. Zum Glück wirken die beiden längst nicht so gruselig wie ihr Grundstück. Tatsächlich haben sie das gesamte Gelände gekauft. »Hier bekommst du so was ja hinterhergeschmissen«, sagt Wilfried. »Hier« ist irgendwo in Mecklenburg. Da, wo es kein Netz gibt und die Straßen

eher Asphalt-Schotter-Patchworkdecken sind. Ich reiße mich selbst aus einem Tagtraum, in dem ich gerade mit einem Quad über das Gelände heize, und konzentriere mich wieder auf den Grund unseres Besuches: die Silberpfeile vor uns. Den linken benutzt Wilfried momentan noch als Lager, der rechte steht zum Verkauf. Als Wendländer ist Carsten in der Nähe von Gorleben aufgewachsen und denkt beim Anblick des Wagens automatisch an einen Castortransport. Ich sehe die Ähnlichkeit. Der Untersatz des Wagens wirkt fast schon richtig geländegängig, mit breiten Reifen und einem massiven, hohen Gestell. Die Außenhaut des Containers darauf ist aus Aluminium. Das Flachdach fällt an den Seiten ein kurzes Stück schräg ab, bevor es in die Wände übergeht. Genau diese Form löst die Castor-Assoziation aus. Zugegebenermaßen nicht die reizvollste Vorstellung. Die Tatsache, dass dieser Wagen nie radioaktive Abfälle gesehen hat, wischt das Bild aus unseren Köpfen dennoch nicht vollständig weg. Mithilfe einer Leiter überwinde ich erst mal den guten Meter vom Boden bis zur Eingangstür. Spätestens jetzt muss ich zugeben, dass die Vergangenheit des Bauwagens wohl eher in Richtung eines Aufenthaltsraumes auf Baustellen geht. Direkt hinter dem Eingang steht ein alter Kamin, dessen Ofenrohr durch einen vorinstallierten Durchgang nach draußen führt. An der rechten hinteren Wand sind noch die Einbauten von früher zu erkennen. Die Spinde der Arbeiter reihen sich aneinander und bieten Platz für Helme, Schuhe und was man eben so auf dem Bau benötigt. Etwas Elektrik ist auch noch verlegt. Das war es dann aber auch schon. Die Raumgröße ist schon sehr geil. Acht Meter lang, 2,50 Meter breit. Damit kann man was anfangen. Auch das massive Gestell finde ich super. »Durch das Aluminium sind diese Wägen quasi unkaputtbar. Die halten ewig. Der ist immerhin noch aus DDR-Zeiten«, ruft mir Wilfried von außen zu. Ja. Das Aluminium. Ich atme tief ein. Die Tür steht zwar offen, aber ich merke jetzt schon, dass die Raumluft einfach eine andere ist als in Christines Holzhäuschen. Mir drängt sich ein wenig das Gefühl von einer Sardine in der Dose auf. Es ist natürlich super, eine stabile Außenhaut zu haben, die der Witterung wahrscheinlich länger standhält, als ich lebe. Aber atmen können die Wände dann nicht. Mal ganz abgesehen davon, dass sich jeder Regenschauer akustisch in donnernden Hagel verwandelt, sobald er auf das Metall prallt. Stabilität gegen Luft, Langlebigkeit gegen Gefühl. Ich stehe unentschlossen im Wagen.

Beim Hinaustreten denke ich mir, dass wir ja noch eine ganze Weile im Auto darüber nachdenken können, während wir über die Buckelpisten Mecklenburgs wieder zurück nach Hamburg eiern. Aber eigentlich kenne ich die Antwort schon. Dieser ist es einfach nicht. Nicht unser neues Zuhause. Das Gefühl stimmt einfach nicht. Wir bleiben noch ein wenig und schnacken mit Anna und Wilfried. Sie wollen jetzt auch »Tienie Häuser« auf ihrem großen Gruselgrundstück bauen und verkaufen, sagen sie. Platz genug haben sie auf jeden Fall dafür. Ich weiß nicht, ob sie inzwischen wirklich welche bauen und verkaufen. Vielleicht drehen sie aber auch Horrorfilme oder feiern Goa Partys. Alles ist möglich.

Obwohl der Ausflug definitiv ein Erlebnis gewesen ist, stehen Carsten und ich immer noch ohne Bauwagen da und damit immer noch ohne Basis für unser geplantes Tiny House. Spätestens jetzt können wir aber mit Gewissheit sagen, dass wir Holzmenschen sind. Ich sehe mich weiter um und widerstehe dabei der Versuchung, andere Metallwägen zu besichtigen. Immerhin haben wir durch unseren Bulli ja auch schon unsere kleine Metallschüssel auf Rädern. Da kann das nächste Projekt gerne mal den Werkstoff wechseln. Jeden Tag konsultiere ich meine verschiedenen Suchplattformen. Immer versuche ich, genau den Wagen zu finden, der die besten Voraussetzungen für uns bietet. Jeden Tag gehe ich abends ein wenig enttäuschter zu Bett. Es ist inzwischen August. Der Sommer nähert sich bereits dem Ende, und wir haben weder einen Stellplatz noch einen Wagen, den wir umbauen können. Die Suche geht weiter. Und schon wieder führt sie uns nach Mecklenburg.

Wie das duftet. Als stünde ich in einem Wald, der gerade frisch gebohnert wurde. Ich streiche mit den Händen über die mit Wachs überzogenen Holzbretter. Links und rechts von mir stehen gelbe und rote Kisten, die noch vom einstigen Zweck dieser Behausung zeugen. Ich stehe in einem alten Bienenwagen. Inzwischen sind die Völker ausgezogen. Zurück bleibt dieser markante Geruch und die ein oder andere geflügelte Leiche. Ich dachte immer, diese Bienenwägen seien um einiges kleiner. Dieser hier ist aber satte siebeneinhalb Meter lang. Schon seit Jahrzehnten ist er im Besitz von Bernds Familie. Sein Großvater hat das Gestell einst selbst geschweißt, mit massiven Holzbrettern verkleidet und die Holzkästen für die Bienen eingesetzt. In einem kleinen Vorraum direkt nach der Eingangstür steht noch eine Honigschleuder. Nach dem Vorraum geht es zwei Stufen nach unten in den mittleren Raum, die ehemalige Residenz der Brummer. Hier beträgt die Deckenhöhe bestimmt zweieinhalb Meter, während es vorn ein guter halber Meter weniger war. Wellplastik auf dem Dach hält den Regen ab, und durch ein einfachverglastes Fenster fällt Licht auf das dunkle Massivholz-Interieur. Durch die Bienenkästen an den Seiten hindurch spüre ich einen leichten Windzug. Die Barriere zwischen außen und innen ist nicht versiegelt, schließlich mussten die Bienen nach Belieben kommen und gehen können. Im hinteren Teil führen wieder zwei Stufen nach oben in einen kleinen Arbeitsbereich mit einer Ablage und einem weiteren Fenster. Dieses hat in der Scheibe einen faustbreiten Schlitz. Alles für die lieben Bienen. Obwohl der Wagen bereits locker dreißig Jahre auf dem Buckel hat, wirkt er noch robust. Das Wachs hat das Holz gut vor Wind und Wetter geschützt. Bernd führt uns durch die Räume. »Die Bienenkästen bekommt man heute so gar nicht mehr. Dabei sind diese hier viel besser. Alles Echtholz, stabil, aber es entspricht nicht mehr der heutigen Norm. Was soll man da machen.« Ob wir denn auch imkern möchten, fragt er. Honig ist lecker, aber deswegen sind wir nicht hier. Wir sehen den Wagen nicht als das, was er ist. Wir sehen, was er einmal werden könnte: unser Zuhause. »Ihr wollt darin wohnen? Da hatte ich auch schon mal eine Interessentin. Die wollte den Wagen ganz alleine umbauen. Hat sie dann aber doch gelassen. Hätte sie bestimmt auch nicht allein hinbekommen. Ist ja schon ein gutes Stück Arbeit.« Wir sind ja zu zweit. Doppelt so viele Arme, Hände, Hirne – das sollte passen.

Der Bienenwagen ist nach unserem Castor-Erlebnis der erste Wagen, den wir uns ansehen. Bei allen anderen war immer entweder der Preis zu hoch, die Größe stimmte nicht, oder jemand anderes war schneller. Auf einmal poppt bei meiner Suche der Bienenwagen auf. Diese Richtung ist völlig neu für mich. Was für eine witzige Vorstellung. Leben in einem alten Bienenwagen? Wieso eigentlich nicht. Die Fotos im Netz sind ziemlich unscharf, und ich kann nicht genau erkennen, wie gut das Teil in Schuss ist. Um einen Hausbesuch kommen wir auf keinen Fall herum. Mit Bernd vereinbare ich einen Besichtigungstermin, und an einem schönen Samstag im August fahren wir von Hamburg in das einhundertdreißig Kilometer entfernte Parchim nach Mecklenburg. Irgendwie scheinen alle Wägen im Osten zu stehen. Auf einer Wiese hinter Bernds Hof sehen wir ihn dann. Ich spreche nicht von Liebe auf den ersten Blick, aber meine Neugier ist geweckt. Der Farbfan in mir ist natürlich von den bunten Bienenkästen, die auch von außen sichtbar sind, begeistert. Der rationale Planer in mir rechnet schon mal, wie viel Quadratmeter Holz wir brauchen, um die Wände zu verschließen, wenn die Kästen erst mal ausgebaut sind. Die Kombination aus stabilem Metallgestell und massivem Holz scheint für unsere Ideen aber super zu passen. Schließlich soll ja noch ein Schlafloft darauf entstehen, und da bin ich für jedes bisschen Stabilität dankbar.

»Im Moment hat der Wagen einen Platten, aber den Reifen würde ich noch auswechseln und dafür sorgen, dass alles gangbar ist für den Transport. Ich würde euch auf jeden Fall einen Tieflader empfehlen. Der Wagen steht hier schon eine ganze Weile rum. Ich kann nicht garantieren, dass alle Reifen die Fahrt überleben.« So gehen wir Stück für Stück die logistischen Details mit Bernd durch. Wir haben uns entschieden. Unser neues Leben soll in einem alten Bienenwagen stattfinden. Ich bin total begeistert und amüsiere mich köstlich. Ein Bienenwagen! Ist das jetzt noch krasser als ein Bauwagen? Keine Ahnung. Auf jeden Fall kurios. Und auf jeden Fall freue ich mich, dass wir endlich einen Wagen gefunden haben. Es gibt allerdings einen kleinen Wermutstropfen. Bernd ist erst einmal zwei Wochen im Urlaub, danach will er die Reparaturen vornehmen und schließlich den Wagen noch ausräumen. »So in der zweiten Oktoberwoche ist es realistisch. Das kann ich schaffen.« Wow, das ist aber schon recht fortgeschritten im Jahr. Dann müssen wir mit dem Bau ordentlich reinhauen, um vor dem Winter fertig zu werden. Na gut. Wir versuchen, Bernd zu erklären, dass es dann aber unbedingt klappen muss, weil wir ja darin wohnen wollen und uns sonst die Zeit davonläuft. Ja klar, kein Problem, das bekommt er hin. Fröhlich verabschieden wir uns. Aber wo stellen wir das gute Stück eigentlich hin?

»Ah!« Ich erschrecke mich und schreie leicht auf. Eine Gans hat gerade an meinem Bein geknabbert. Wenigstens ist mir die Teetasse nicht aus der Hand gefallen, und nach ein paar »Schuschu«-Rufen meinerseits inklusive wildem Gewedel lässt sie mich auch wieder in Ruhe. So ist das eben auf einem Bauernhof, denke ich mir. Würde ich zumindest mal vermuten, mit meiner kaum existenten Landerfahrung. Hier auf dem Bauernhof im Wendland laufen Hühner frei rum, eine Katze – und eben auch ein paar Gänse. Wir sitzen mit Katharina und Matthias zusammen, die uns zuvor das Grundstück gezeigt haben. Es ist immer noch August, und wir genießen einen herrlichen Sommertag, während wir draußen Tee trinken und die großen, alten Eichenbäume uns Schatten spenden. Katharinas Hund läuft zwischen unseren Beinen herum. Für einen Hofhund wirkt er nicht gerade gefährlich. Chico ist ein Chihuahua. Also im Grunde eine Art Meerschweinchen mit ein klein wenig längeren Beinen und einem Schwanz. Ich kenne mich aus, ich habe drei Meerschweinchen. Ich glaube, unser Männchen ist vielleicht sogar etwas größer als Chico. Wie dem auch sei.

Im Wendland gibt es haufenweise große, alte Höfe, die längst nicht mehr so bewirtschaftet werden, wie es früher einmal der Fall war. Während vor einigen Jahrzehnten immer noch mehrere Generationen unter einem Dach wohnten und meist auch gemeinsam Landwirtschaft betrieben, wohnen heute oft nur noch die Großeltern auf den Zig-Hektar-Anlagen. Die Kinder sind in der Stadt. Dort, wo es Universitäten gibt, Ausbildungsplätze, Jobs. Nicht so Carsten und ich. Wir wollen ins Wendland ziehen. Während ich diese Worte schreibe, schüttle ich den Kopf. Ich kann mich nicht mehr erinnern, wie häufig ich betont habe, niemals, aber wirklich niemals, in dieses gottverlassene Niemandsland zu wollen. Um Carstens Familie zu besuchen, fuhren wir immer mal wieder ins Wendland, und bei Sätzen wie »Hier ist es doch einfach richtig schön« stellten sich mir die Nackenhaare auf. Hier? Schön? Come again? Damals sah ich vor allem hyperkonservative Menschen und Landschaften, die nur aus künstlichen Kanälen sowie Monokultur-Agrarwirtschaft bestehen. Vor allem aber: Flach, flach, flach. Wohin das Auge sieht, alles platte Ebene. Ja. Wunderschön hier.

Trotzdem sitze ich jetzt hier auf diesem Bauernhof. Ich sitze hier, weil ich ins Wendland will. Und weil Katharina und Matthias einen Stellplatz auf ihrem Hof verpachten wollen. Für einen Bauwagen oder eben ein Bauwagen-Tiny-House-Gemisch. Meine Nackenhaare liegen flach. Ich finde es hier super. Es war ein langer Weg.

Eine Zeit lang bin ich mir nicht sicher, ob ich nicht doch in der Stadt bleiben will. Vielleicht lieber der Schrebergarten? Doch von Natur kann man in Schrebergärten ja nicht wirklich sprechen. Man hat vielleicht eine kleine Parzelle und jede Menge Regeln vom Verein, welche Farbe die Mütze des Gartenzwergs haben muss. Die ersehnte Freiheit bleibt da auf der Strecke. Auch hier spielt uns der Zufall in die Hände. Bei der Suche nach Bauwägen sehe ich die Annonce von Katharina. Mit eineinhalb Stunden Fahrt liegt das Wendland gewissermaßen noch im Speckgürtel Hamburgs. Mit ein bisschen Planung wären also auch unsere Jobs in der Stadt weiterhin möglich. Außerdem wollten wir ja vielleicht doch ab und zu mal die Reize der Zivilisation genießen. Soll ja vorkommen. So ein heißer Kakao von *Herr Max* in der Schanze und der Käsekuchen von *Liebes Bisschen* in Ottensen. Okay, ich schweife ab, ich mag halt Süßes.

Inzwischen weiß ich auch, dass das Wendland mehr zu bieten hat als sture Bauern und langweilige Landschaften. Der Kulturellen Landpartie sei Dank, oder KLP, wie der Insider sagt. Gorleben ist für den Landkreis Fluch und Segen zugleich. Klar, auf der einen Seite ist es nicht so schön, wenn in der Nachbarschaft Atommüll zwischengelagert wird und vielleicht sogar mal endgelagert werden soll. Auf der anderen Seite hat das Lager dazu geführt, dass schon in den Siebzigerjahren viele leidenschaftliche, inspirierende und aktive Menschen in den Landkreis kamen, um dagegen zu protestieren. Daraus entstand die KLP. Ein kreisweites Festival, das Alternativen aufzeigen soll. Zum Leben, Arbeiten und Wohnen. Es wächst jedes Jahr und versammelt viele lokale Mitstreiter. Musik, Handwerkskunst, Theater, Naturverständnis, Gaumenfreuden und natürlich auch ein bisschen Politik. Alles dabei. Was mir bei früheren Besuchen im Wendland verborgen blieb, erlebe ich geballt auf dem Festival. Einen Geist, nicht immer

nur der Norm zu folgen, sondern neue Wege zu gehen.
Sich etwas zu trauen, anders und kreativ sein. So etwa drei
oder vier Jahre bevor wir bei den Gänsen Tee trinken, be-
suchte ich meine erste KLP. Seitdem wächst meine Neugier, und meine Abneigung gegen den Landkreis schrumpft.
Heute verstehe ich besser, was die Menschen zum Hierbleiben bewegt. Alpen gibt es hier nicht und natürlich
auch reichlich geistlose Paddel. Aber es gibt die Elbtalaue,
die tatsächlich hügelige und waldige Region der Clenzer
Schweiz und der Göhrde. Außerdem viele Menschen, die
mit einem unfassbaren Elan eigene Projekte vorantreiben
und mit einer herzlichen Offenheit an die Dinge herange-
hen. Diese Menschen sind es, die die Region wirklich interessant machen. Und dieser Geist macht unser Leben in
einem Tiny House überhaupt erst möglich. Trotz der stei-
genden Beliebtheit von Tiny-House-Projekten in Deutschland ist die rechtliche Situation nach wie vor etwas ver-
zwickt – und von Bundesland zu Bundesland verschieden.
Die Entwicklung steht eben noch am Anfang, und zum
jetzigen Zeitpunkt wissen die Behörden noch nicht so
recht, wo sie Tiny Houses in ihren vorgefertigten Anträgen
einordnen sollen. Grundvoraussetzung für eine Geneh-
migung ist meist, dass sich das Tiny House in einem
Wohngebiet und am besten auf einem bereits bebauten
Grundstück befindet, dessen Infrastruktur man mitnutzt.

Mit der Errichtung des Zwischenlagers in Gorleben
kamen die Atomkraftgegner mit ihren Bauwagen und mit
ihnen die Wagenplätze ins Wendland, die seit den Siebzigerjahren das Ortsbild prägen. Die hiesigen Behörden behandeln die mobilen Wohneinheiten seither mit einer gewissen Routine und haben gute Erfahrungen mit einer
kontrollierten Duldung solcher Wohnformen. Auch gibt es

immer mehr generationenübergreifende Wohnprojekte, die die alten Bauernhöfe neu beleben und vor dem Verfall bewahren. Tiny Houses und Bauwagen machen diese Konzepte auch für jüngere Menschen interessant, die sich nicht gleich einen ganzen baufälligen Bauernhof ans Bein binden wollen oder können, aber einen Stellplatz benötigen. Das macht unsere Region zum Vorreiter einer deutschlandweiten Bewegung, die immer mehr Zulauf bekommt. Und deshalb sind wir heute hier im Wendland und huschen Gänse weg.

»Wie lange könnt ihr euch denn vorstellen, auf dem Hof zu bleiben«, fragt Matthias. »Schon länger, oder?« Ich sehe es ihm an. Er hat kein Interesse daran, ständig neue Mitbewohner zu suchen. Er möchte ein stabiles Umfeld, vermutlich auch lieber ruhige Leute. Carsten und ich sind jung. Jung heißt laut und unruhig. Sie kennen uns nicht. Sie wissen nicht, dass wir es lange genug laut und unruhig hatten. Wir wollen gerne länger bleiben, versichere ich. Füge aber hinzu, dass wir natürlich nicht wissen, was die Zukunft bringt. Ich weiß selbst, wie oft ich in der Vergangenheit umgezogen bin. Wir wollen ein Haus auf Rädern bauen. Seien wir ehrlich: Natürlich kann es sein, dass wir mal wieder weiterziehen. Aber erst einmal sehne ich mich nach Ruhe, nach einem Hauch von Sesshaftigkeit. Wie sagt man heute? Achtsamkeit. Genau. Ist ja gerade wieder in, passt doch ganz gut.

Der Nachmittag verläuft ein bisschen wie ein Bewerbungsgespräch. Matthias und Katharina haben noch weitere Interessenten für den Hof. Da haben wir es mal wieder. Der Trend schlägt Wellen. Wir sehen uns noch etwas um. Das Hauptgebäude, der alte Schweinestall, die Scheune und der Schuppen, in der ein alter Trecker steht. Für mich als Stadtkind könnte der Hof eigentlich nicht klischeemäßiger sein. Das Fachwerk, der klassische rote Klinker, die große Bauernküche mit diesen kleinen, rautenförmigen Steinfliesen, die mir so gut gefallen. Der Briefkasten ist eine Metallschatulle, die im Windfang auf einem Tischchen steht. Die Vordertür ist immer offen. Die Postboten und Päckchenlieferanten wissen Bescheid. Auf dem Tischchen steht immer eine Flasche Schnaps. Für den Postboten? Oder als Deko? Wer weiß.

Katharina zeigt uns alles ganz in Ruhe. »Hier im Erdgeschoss wohnt noch Bernhard. Das ist unser Senior, Matthias' Vater. Er hat hier eine eigene Wohnung. Die Küche könnt ihr gerne auch benutzen und natürlich das Badezimmer. Ab und zu treffen wir uns alle zu einem gemütlichen Beisammensein im Billardzimmer. Spielt ihr gerne?« Och, früher nur so jedes zweite Wochenende. Wie geil! Ein eigenes Billardzimmer! Ich habe schon immer überlegt, wie ich so ein Teil in eine kleine Mietwohnung rein bekomme. Problem gelöst.

Das eigentlich Interessante ist natürlich der Stellplatz. In unserer Vorstellung werden wir die Küche und das Badezimmer ja nur während der Bauphase nutzen. Später wollen wir das alles in unserem eigenen, fertigen Tiny House haben. Der Platz liegt hinter dem Haupthaus und ist umrandet von Bäumen. Es sind bestimmt achthundert Quadratmeter freie Wiesenfläche. Grobe Schätzung. Was so was angeht, bin ich echt miserabel. In Wohnungen kann ich das besser. Draußen fehlen mir einfach die Wände zur Orientierung. Auf jeden Fall ein ausreichend großes Plätzchen für ein Tiny House und einen Garten. Gärtnern muss natürlich sein, sonst ist die Erfahrung auf dem Lande ja unvollständig. »Wie ist denn hier so die Netzstärke?«, möchte ich dann doch mal wissen. Katharina blinzelt. »Joa, also da vorne an der Straße gibt es eine Bank. Da treffen sich die jüngeren Leute immer, wenn sie mal mit WhatsApp hantieren wollen oder so. Da ist der beste Empfang. Sonst ist es hier eher schlecht.« Das war zu erwarten. Deutschland, Land der Innovationen und der Digitalisierung. »Aber vorher hat hier eine Familie im Bauwagen gewohnt. Die hatten auch Internet. Das lief über die Nachbarn. Da können wir bestimmt was einfädeln.« Gut, das ist wichtig. Vielleicht klingt das ja unpassend oder verwöhnt. Einen Platz in der Natur suchen und dann nur an das vermaledeite Internet denken. Ich weiß aber nun mal, dass ich das Internet für meinen Job benötige. So eine idyllische Landerfahrung kann sehr schnell höchst unangenehm werden, wenn ich fast jeden Tag mindestens drei Stunden mit dem Auto nach Hamburg ins Büro und wieder zurückfahren müsste, weil ich mangels Internet kein Home Office machen kann. Reine Selbsterhaltung also. Und vielleicht auch ein bisschen Spaß. Meine DVD-Sammlung habe ich ja verkauft und die meisten Bücher auch. Es scheint, dass alle Voraussetzungen für einen perfekten Stellplatz geschaffen sind – wenn wir ihn denn bekommen.

»Soll ich ihn wirklich einschmeißen?« »Ja, komm. Das wird.« »Bist du sicher?« »Ja.« Der Brief ist drin, die Klappe fällt scheppernd zu. Jetzt gibt es keinen Weg zurück. Ich habe gerade die Kündigung für unsere Wohnung in den Briefkasten geschmissen. Uns ist klar, dass wir damit hoch pokern, aber wir wollen und können auch nicht zu lange doppelt zahlen. Pacht für einen Stellplatz und Miete. Die vom Hof haben sich noch nicht gemeldet. Wir bleiben optimistisch. Die rufen bestimmt an. Den Bienenwagen haben wir auch noch nicht offiziell gekauft. Er ist quasi für uns vorgemerkt. Aber wir haben ja eine mündliche Zusage. In der Geschichte der Menschheit ist dabei noch nie etwas schiefgegangen. Egal, wie ich es drehe und wende, es steht nun fest: Ab Dezember haben wir keine Wohnung mehr. Entweder, wir haben bis dahin ein Tiny House, oder wir müssen uns schleunigst nach einer Alternative umsehen.

Mein Handy leuchtet auf. Katharina hat mir geschrieben. »Guten Morgen ihr zwei! Wir vom Hof haben zusammengesessen und den Zuschlag für die große Fläche Axel und Bettina gegeben.« Aah, oje. Axel und Bettina, unsere Mitbewerber. Wir bekommen den Stellplatz nicht? Moment. Da steht noch was. »ABER: Wir hätten euch auch gerne hier. Was wir euch anbieten wollen, ist das Areal unten bei den Gänsen, gegenüber vom Ponystall.« Puh, okay. Da war ein Ponystall? Ach, ist ja auch egal, das ganze Grundstück sah knuffig aus, das wird schon passen. Ponystall hin oder her. Wir haben einen Stellplatz! Wir machen erst mal einen Carlton-Tanz und fallen uns fröhlich und auch erleichtert in die Arme. Was kann denn jetzt noch schiefgehen? Wir sind die Könige der Welt!

Es ist die letzte Septemberwoche. Ich liege in einem Frankfurter Hotelzimmer, nachdem ich den Abend mit meinen Kollegen aus der Frankfurter Agenturniederlassung verbracht habe. Ich nicke schon halb weg, dödel aber noch ein bisschen auf Instagram rum. Die WhatsApp-Blase poppt auf. Ah, Bernd schreibt. Jetzt sind es nur noch zwei Wochen, bis wir den Bienenwagen abholen können. Das wird megaspannend. Was schreibt er denn? »Ich habe schlechte Nachrichten für euch. Der Reifen ist zwar fertig, aber organisatorisch schaffen wir es im Oktober definitiv nicht mehr. Frühestens im November. Hier geht alles drunter und drüber.« Ich bin wieder hellwach. Whaaaat? Wie war das noch? Überhaupt gar kein Problem, zweite Oktoberwoche passt? »Lieber Bernd, es ist wirklich extrem schlecht, wenn wir noch so lange warten müssen. Wir ziehen ja in den Wagen und müssen vor dem Winter noch so einiges machen. Wir würden ungern erfrieren. Carsten und ich können gerne zu dir kommen und mit anpacken, um den Wagen fertig zu bekommen. Das wär gar kein Problem für uns!«»Mir fehlen in meinen Betrieben gerade Leute, und die Arbeit muss trotzdem gemacht werden. Erst kommt das Geschäft, dann der Rest. Es geht leider nicht anders.« Bumm. Man könnte fast meinen, ich will den Wagen von ihm geschenkt haben. Ist unser Deal nicht auch ein Geschäft? Offenbar nicht so wichtig. Dann haben die im Winter halt kein Dach über dem Kopf, mir doch egal. Ich verstehe durchaus, dass Selbstständige auch schauen müssen, dass bei ihnen alles rundläuft. Das sehe ich schließlich regelmäßig bei Carsten. Die Arbeitsbelastung ist nicht ohne, Bernd muss auch seine Familie versorgen und alles am Laufen halten. Aber wenn wir den Wagen frühestens im November bekommen und noch nichts daran gemacht ist, werden wir den Winter kaum überstehen. Ich bekomme schlicht Panik und rufe Carsten an. Was nun? Zehn Minuten lang hassen wir erst einmal beide ungebremst drauflos. Was für eine linke Nummer! Erst noch versichern, dass er das Datum auf jeden Fall einhalten kann, dann ganz kurz vorher abspringen und uns an der langen Leine verhungern lassen. Wenn er bei dem Termin so unzuverlässig ist, könnte er später ja auch einen kompletten Rückzieher machen. Unsere Wohnung ist längst gekündigt. Oktober war ohnehin schon ein harter Kompromiss für uns, und wir scharren mit den Hufen, um endlich mit dem Bau beginnen zu können. Bernd hat deutlich gemacht, dass es ihm im Zweifelsfall egal ist, wann und ob wir den Wagen bekommen. Kredit verspielt. Zeit für einen Back-up-Plan.

Norman fährt gerade in einem Leichenwagen vor. Lächelnd, mit wehenden, langen Haaren steigt er aus und begrüßt uns.»Geile Karre!«, stimmen Carsten und ich ein. Er freut sich. Wir treffen uns auf dem Parkplatz vor einem Supermarkt, in dessen Ort Norman seine Bauwägen verkauft. Irgendwo in den Untiefen Brandenburgs. Alleine würden wir den Weg zu seinem Grundstück nicht finden, sagt er. Deswegen fährt er jetzt mal vor, und wir können ihm folgen. Na dann. Nach dir.

Tatsächlich fahren wir erst einmal Huckelpisten ab und verlassen den Ort wieder. Nach ein paarmal links und rechts biegen wir auf etwas ein, das aussieht wie ein altes Flughafengelände. Wo kommen die Leute nur immer an solche Grundstücke? Gibt es da eine Website? Abandoned-Places-for-Sale.com oder so? Auf jeden Fall sieht es ziemlich abgefahren aus. Die riesige Freifläche ist unterbrochen von ein paar Straßen, Landebahnen, Büschen und ein paar grasüberwachsenen Hangar-Hügeln, die aussehen wie moderne Hobbithöhlen. Norman parkt und steigt aus. Vor uns erstreckt sich sein verrücktes Business. Bauwagen reiht sich an Bauwagen. Verschiedene Größen, Farben, Alter, Materialien. Dazwischen steht auch noch ein witziger, alter Mercedes. Eine Art Mischung aus Wohnmobil und Verkaufsstand auf einem Wochenmarkt. Norman kauft deutschlandweit Wägen auf, macht die Fahrgestelle wieder flott und verkauft sie dann wieder. An Menschen wie uns. Menschen, die mit eigenem handwerklichen Geschick und Aufwand die Wägen ausbauen und zu ihrem Zuhause machen wollen. Normans Bauwägen benötigen auf jeden Fall ein gehöriges Maß an Liebe, wenn man tatsächlich plant, darin zu leben. Die einen sind besser in Schuss, die anderen weniger gut. Hübsch ausgebaut mit schnieken Schnitzereien, Buntglasfenstern und natürlichen Dämmstoffen, wie bei anderen gewerblichen Anbietern, ist hier keiner. Alle sind mehr oder weniger in ihrem Ursprungszustand. Fahrtüchtig und von Müll befreit, aber immer noch ordentlich renovierungsbedürftig. Deswegen sind wir hier. Wir wollen es ja gerne selbst in Angriff nehmen. Ich fühle mich ein bisschen wie auf einem Abenteuerspielplatz und hüpfe in einen Bauwagen rein. »Davon gibt es noch einen zweiten. Die habe ich einem kleinen Theater abgekauft«, sagt Norman. Die Wände sind alle gelb angemalt, hier und da sehe ich noch Aufkleber mit politischen Parolen à la »Fck Nzs«. Cooles Theater. Allerdings kann ich in dem Wagen geradeso im mittleren Bereich stehen. Ich bin jetzt nicht gerade ein Riese mit meinen 1,65 Meter. Carsten würde Probleme bekommen. Hm, mal weiterschauen. Ich kann es mir nicht verkneifen, auch einen Blick in den Mercedes zu werfen. Beim Eintreten strömt mir ein Geruch entgegen, der mich ein bisschen an meinen früheren Wohnwagen auf dem Campingplatz bei Kassel erinnert. Diese markante Mischung aus alten Holzfurniereinbauten, leicht feucht gewordenen Vorhängen und Plastik. Schwer zu beschreiben. Das muss man wohl erlebt haben. Auf jeden Fall spüre ich eine Versuchung. Der Wagen hat Stehhöhe und ist noch mal eine gute Ecke größer als unser Slow Lori. Für einen kurzen Moment drohe ich schwach zu werden. Vielleicht doch diese Vanlife-Geschichte? »Fahrtüchtig ist der im Moment nicht. Da müsste man noch mal was machen. Aber ist wirklich ein tolles Stück.« Norman holt mich auf den

Boden der Tatsachen zurück. Nein danke. Hatte ich schon. Wo geht's zum nächsten Bauwagen?

Da sehe ich ihn. Der blassrosa Lack blättert von den alten Holzpaneelen ab. Auf der Rückseite zieht sich eine waagerechte Furche über die Holzverkleidung. Da hat wohl einer beim Ausparken mal nicht richtig kalkuliert. Vier Busfenster prangen auf der Vorderseite, je zwei zu beiden Seiten der Eingangstür in der Mitte. Die Tür hängt etwas schräg in den Angeln und verrottet von unten bereits merklich. Auf einem der Fenster klebt ein großer Jäger-meister-Aufkleber. Das Dach selbst ist aus Metall. Auf der hinteren Seite hat es eine tiefe Kerbe. Das äußere Erschei-nungsbild ist, gelinde gesagt, suboptimal. Ich sehe mir das Fahrgestell an. Das kommt mir bekannt vor. Auch die Form des Wagens selbst. Im Grunde ist es das gleiche Modell wie der Castor-Wagen. Allerdings mit einem ganz markanten Vorteil: Der Aufbau ist aus Holz mit ein paar Metallstreben als Stützwerk. Das Fahrgestell wirkt genau-so robust wie das des zuvor besichtigten Wagens. Viel-leicht verbirgt sich hinter dieser Bruchbude ja doch ein Schatz? Norman hilft mir mit einer Räuberleiter in den Wagen. Die eigentliche Zugangsleiter liegt noch in dem großen Metallkasten, der sich als Stauraum unterhalb des Wagens befindet. Schon wieder ist der Geruch das Erste, was ich wahrnehme. Damit habe ich zugegeben ein Thema. Mein Superhelden-Name wäre »Da Nose«. Diesmal werde ich allerdings nicht nostalgisch wie bei dem Mercedes. Im Gegenteil. Bah. Was für ein Mief! Wer ist denn hier drin gestorben? »Den Wagen hat ein Museum als Lager be-nutzt.« Als Lager? Riecht eher, als wenn sie ihn als Toilette benutzt hätten. Ich schaue mich um. Die Wände sind alle-samt in einem vergilbten Weiß gestrichen. Eher eine

Art Lack. Sehr praktisch, dann kann man alles abwischen. Mhhhmm. Der Boden ist mit einer blauen Gummi-Plastikplane ausgelegt. Ein wenig rudimentäre Elektrik ist auch verlegt. So sahen Steckdosen mal aus? Interessant. Ich gehe mal davon aus, dass wir das erneuern müssen. Alles nicht sehr vertrauenerweckend. Mein Blick schweift zu der Stelle, an der von außen die Kerbe im Dach zu erkennen war. Von innen sehe ich nun das ganze Ausmaß dieses Schadens. Über die Jahre floss in die undichte Stelle immer mehr Wasser hinein, bis das Gewicht schließlich zu groß wurde und die Decke herunterkam. Das kann man gut sehen. Braune Wasserschlieren ziehen sich an den Wänden und an der Decke entlang, in der ein Loch klafft. Die Pressholzplatten, die zuvor als Deckenverkleidung dienten, hängen irgendwie noch halb oben, und halb sind sie auf dem Weg zum Boden. Ich denke mal, dass ein Großteil des Geruchs von diesem charmanten Anblick herrührt.

Carsten krabbelt hinter mir in den Wagen hinein. Auch er riecht es. »Sieht doch ganz gut aus. Okay, die Stelle da hinten an der Decke. Aber da packen wir das Loft drauf, dann müssen wir die Decke eh erneuern. Alles gut.« Ich liebe es, dass irgendwie immer einer von uns beiden den Optimisten raushängen lässt. Das ergänzt sich prima. Ich hüpfe mit ordentlich Schmackes ein paarmal auf und ab. Norman blickt mich mit großen Augen an. »Was? Ich wollte nur mal sehen, ob der Boden stabil ist«, entgegne ich. Carsten zuckt die Schultern und sagt: »Das ist normal bei ihr.« Im Nachhinein frage ich mich zwar schon, was ich gemacht hätte, wenn der Boden nicht stabil gewesen wäre. Aber ich stehe, alles hält.

Ich mache Fotos. Von den Reifen, dem Gestell, der

Bremse, der Decke und den Räumen im Inneren. Es fühlt sich an wie mehrere Räume, weil direkt nach der Eingangstür Teilwände eingezogen sind, die in etwa bis zur Mitte des Wagens gehen. Auf dem Boden liegt noch eine ausgehängte Schiebetür. Es war anscheinend mal vorgesehen, dass man eine Seite des Wagens verschließen konnte. Eine Umkleidekabine? Das Büro des Vorarbeiters? So was in der Art.

Ich bin hin- und hergerissen, ob ich wegrennen oder glücklich sein soll. Immerhin haben wir Dusel, dass wir nach dem Desaster mit Bienenwagen-Bernd so schnell Ersatz finden. Es ist noch keine Woche her, dass ich die schlechte Nachricht von Bernd erhalten habe. Wir sind sofort aktiv geworden. Welche Wahl hätten wir denn sonst gehabt? Die Vorstellung, im Winter ohne Wohnung dazustehen, motiviert ganz ordentlich. Auch die Größe des Wagens ist genial, die gleichen acht Meter Länge wie bei der Aluminium-Schüssel. Im Gegensatz zum Bienenwagen hat dieser Wagen bereits einen Durchgang für ein Ofenrohr. Das ist praktisch und erleichtert uns die Arbeit. Ich hatte im Vorfeld schon Ytong besorgt und überlegt, wie wir einen neuen Durchgang am besten feuerfest bekommen. So geht es natürlich etwas einfacher. Die einfachverglasten Busfenster könnten wir einfach austauschen. Kein Problem. Bekommen wir jemals den Geruch wieder heraus? »Wenn wir den Innenraum noch mal neu isolieren und mit Holz verkleiden, neuen Boden verlegen und die Decke richten, dann riecht man das nachher garantiert nicht mehr.« Wieder Carsten der Optimist. Aber ich erwärme mich auch immer mehr für den Gedanken. Versuche, nicht den aktuellen Status zu sehen, sondern mir vor meinem geistigen Auge vorzustellen, was wir daraus

machen könnten. Wir spielen das Spiel, das wahrscheinlich jede junge Familie bei einem Hausbau spielt: Wo
kommt was hin? »Schau, hier wäre dann das Wohnzimmer. Auf der anderen Seite die Küche. Hm, am besten mit
einer kleinen Küchenzeile und dem Herd hier. Dann passt
hier noch die Spüle hin, wenn wir die Hälfte des Raums für
das Badezimmer abtrennen. Das Loft kommt dann genau
hier drüber mit dem Treppenzugang in diese Richtung.
So.« Gemeinsam stehen wir in dem miefigen, vergilbten
Wagen und lassen unserer Fantasie freien Lauf. In unseren Köpfen beleben wir die Räume mit Farbe, Möbeln, Einbauten. In meinen Fingern fängt es an zu kribbeln. Das ist
er. Warum auch nicht? Er ist stinkig, löchrig und oll. Wenn
das nicht die besten Voraussetzungen für eine einwand-
freie Vorher-Nachher-Show sind, dann weiß ich auch nicht.

»Ein Kumpel von mir könnte euch den Wagen auch bis
ins Wendland bringen. Das ist kein Problem. Ich kläre mit
ihm, was er dafür haben will, und melde mich noch mal
bei euch.« Norman hat alles im Griff. Der Transport ist tatsächlich keine Kleinigkeit bei den Wägen. Als wir davon
ausgegangen sind, den Bienenwagen bewegen zu müssen,
habe ich viele Leute wegen eines Transports kontaktiert.
Für größere Logistik-Unternehmen ist das extrem uninteressant, was den Kosten-Nutzen-Faktor angeht. Andere
haben nicht die richtige Zugmaschine. Für den Bienenwagen hätten wir einen Tieflader benötigt. Wenn Norman die
Lieferung sogar noch mitorganisieren könnte, dann wäre
das für uns einfach der Hammer!

Wir fahren wieder nach Hamburg. Am nächsten Tag
schon meldet sich Norman. Sein Kumpel ist leider in den
nächsten Wochen ziemlich stark ausgebucht. Er hat daher
entschieden, den Wagen selbst zu uns zu bringen, damit

wir ihn zeitig haben und anfangen können zu bauen. Ein Mann, ein Wort. So gefällt mir das. Bernd soll mal schön mit seinen Bienen spielen.

Es ist der Sonntag des ersten Oktoberwochenendes. Carsten und ich sind in der Nacht um zwei Uhr von Hamburg auf den Hof ins Wendland gefahren. Früher ging es nicht. Ich musste noch arbeiten. In einer PR-Agentur? Um die Uhrzeit? Am Wochenende? Nicht so ganz. Weil eine Sechzig-Prozent-Stelle natürlich auch nicht so viel Gehalt abwirft wie ein Vollzeitjob, ich aber keinesfalls wieder fünf Tage in der Woche vor dem Computer sitzen wollte, habe ich mir einen Nebenjob besorgt – als Aushilfe in einer Bar bei mir um die Ecke. Ein Jahr lang zapfte ich Guinness, servierte Essen und putzte Tische. An Freitagen ging ich acht Stunden ins Büro, und anschließend fuhr ich direkt weiter in die Bar, um dort bis tief in die Nacht meine Schicht runterzureißen. Am Samstag folgte dann die zweite Nachtschicht. Ironie des Schicksals. Obwohl ich schon eine ganze Weile kaum noch abends wegging, weil ich einfach keinen Drive mehr hatte, zog ich nun jedes einzelne Wochenende meine Zusatzschichten im Hamburger Nachtleben durch. Trotz der Anstrengung machte es auch Spaß. Die Arbeit hinter dem Tresen und die Gespräche mit den Gästen dort waren einfach ganz anders als die mit den jungen, trendigen Leuten aus der Medienbranche. In meiner Bar lag das Durchschnittsalter bei fünfzig, würde ich grob schätzen. Die meisten waren Stammgäste, und irgendwann kannte man sich mit Namen. Die einen erzählten mir von ihren Reisen durch Südafrika oder Tunesien, die nächsten von ihrer Arbeit bei Airbus oder als Schauspieler und andere von ihrer Vergangenheit in Polen. So viele Geschichten, so viele verschiedene Leben, so viele

Charaktere. Erst neulich besuchten mich zwei meiner ehemaligen Stammgäste für einen Wochenendtrip in meiner neuen Heimat. Die Zeit dort hat mir mal wieder gezeigt, dass Dinge, die für mich selbstverständlich sind, für manche etwas ganz anderes bedeuten. Andersrum lernte ich Perspektiven kennen, über die ich vorher nicht nachgedacht hatte. Sagen wir einfach, es war ein Job, der für mich damals zu keiner besseren Zeit hätte kommen können.

Auf der anderen Seite ist es dieser Job, weswegen ich nun nach nur vier Stunden Schlaf im Bulli bereits den Wecker klingeln höre. Ich bin völlig erschöpft. Mein ganzer Körper schreit verzweifelt danach, weiterschlafen zu können. Sechs Uhr morgens? An einem Sonntag? Wieso muss ich jetzt aufstehen? Carsten neben mir rollt sich genauso unwillig auf die Seite. Er schnauft kurz und öffnet dann die Heckklappe, um auszusteigen. Von draußen strömt kühle Luft herein. Es ist noch stockfinster, und durch meine Müdigkeit spüre ich die Kälte noch viel stärker. Grummelig ziehe ich mir Pullover und Jacke über und schlüpfe in meine Schuhe. Ich kann es gar nicht leiden, wenn ich zu wenig Schlaf bekomme. Blöde Welt. Wir dackeln träge nach vorne an die Straße. Da, in der Ferne sehe ich Scheinwerferlicht. Auf uns zugerollt kommt der Grund unseres viel zu frühen Morgens. Norman steuert in einem Unimog auf uns zu. Im Schlepptau hat er unseren Bauwagen. Von Brandenburg aus ist er locker neun Stunden unterwegs gewesen, um ihn bei uns abzuliefern. Bei erlaubten fünfundzwanzig Kilometer pro Stunde lässt sich eben nicht schnell viel Strecke machen. In der Dunkelheit navigieren wir Norman mit seiner Last durch die Hofeinfahrt, vorbei am Haupthaus und der Scheune und nach hinten auf das Grundstück. Zu den Gänsen gegenüber vom Ponystall. Auf unser kleines Fleckchen Erde. Ein müder Norman klettert aus dem Unimog heraus und begrüßt uns. Obwohl wir im Gegensatz zu ihm wenigstens noch ein Nickerchen machen konnten, grüßen wir ähnlich fertig zurück. Es war eine anstrengende Nacht für uns alle.

Norman entkoppelt unseren Bauwagen. Er steht noch nicht ganz an Ort und Stelle, aber die letzten paar Meter um die Ecke werden wir mit einem Traktor machen. Mit dem Unimog wäre das zu umständlich, auf die unebene Wiese, zwischen den Bäumen durch. Aus der Seitentür kramt Norman noch einen Kaufvertrag hervor. Im Licht seiner Taschenlampe füllen wir ihn gemeinsam aus. Er unterschreibt. Ich rubbel noch einmal meine Hände warm, nehme den Kugelschreiber und unterschreibe ebenfalls. Es ist geschafft. Der Bauwagen gehört uns, und er steht auf unserem Stellplatz. Carsten sieht den alten Wagen an und sagt: »Ich nenne ihn Kevin.« Kevin? »Ja, er sieht einfach aus wie ein Kevin, und er kommt ja schließlich aus dem Osten.« Nach müde kommt albern. Ich lache. Warum nicht? Hallo Kevin! Von Carsten und mir fällt eine Menge ab: die ganze Planung, die Organisation, die Unsicherheiten, der Stress der letzten Monate. Endlich können wir mit dem Bau beginnen. Endlich können wir unsere Vision von einem kleinen Eigenheim verwirklichen. Aber noch nicht heute. Kaum ist Norman wieder eingestiegen und von dannen getuckert, sind wir schon wieder halb auf dem Sprung. Wir wollen noch nach Berlin fahren. Dort wird Jason einen Workshop geben, wie man seine eigene Erfindung baut und installiert: den Showerloop. Der finnische Ingenieur hat ein System entwickelt, das Wasser in einem Kreislaufsystem mit Filtern führt. Dadurch können wir mit einem

Zehn-Liter-Tank im Grunde so lange duschen, wie wir wollen. Für unser geplantes Badezimmer im Tiny House scheint uns das die beste Lösung zu sein. Wir benötigen wenig Platz, weniger Energie, weniger Wasser als bei einer normalen Dusche. Unseren Wünschen von einer umweltbewussten und minimalistischen Lebensweise kommt diese Idee sehr entgegen.

Mir ist aber immer noch kalt, und ich bin kaputt. Bevor wir die Fahrt nach Berlin antreten, schauen wir noch bei unseren neuen Nachbarn vorbei. Axel und Bettina, die auf dem Stellplatz neben uns mit ihrem Bauwagen untergekommen sind. Sie hatten mehr Glück als wir. Ihr Bauwagen hatte keine Schäden und wurde bereits im September geliefert. An diesem Morgen sind sie schon längst mit ihrem Ausbau fertig. Als wir eintreten, brennt ein warmes Feuer im Kamin, und das Wasser für den Kaffee blubbert. Wir sitzen noch ein wenig zusammen, wärmen uns auf und berichten von unserer Lieferung. Langsam wird es Zeit zu gehen, wenn wir noch rechtzeitig in Berlin sein wollen. Es kostet mich eine starke Überwindung, die warme Kuschelhöhle zu verlassen und wieder hinaus in die Kälte zu gehen. Doch es hilft alles nichts. Wir wollen unbedingt sehen, wie wir den Showerloop einbauen können. Wer weiß, wann Jason das nächste Mal für eine Demonstration in Deutschland sein wird. Mit aller Willenskraft, die ich aufbringen kann, trinke ich den letzten Schluck Kaffee und stehe vom gemütlichen Sofa am Feuer auf. Es geht weiter. Die meiste Arbeit liegt noch vor uns. Die Lieferung ist erst der Anfang.

Die Trüffel-Schweine in ihrem Element

 Ich steige aus dem Auto, und mir dringt deutlich der Geruch von Schokolade in die Nase. Uuh, sehr lecker. Ich habe anscheinend das beste Industriegebiet überhaupt erwischt. Eine Schokoladenfabrik. Genial. Ich versuche, mich zusammenzureißen und nicht einfach diesem himmlischen Duft zu folgen. Ich drehe mich um und sehe eine Laderampe, auf der schon allerlei Holzplatten, eine kleine Spieltafel für Kinder und zwei Stühle stehen. Aus der Halle hinter der Rampe höre ich geschäftiges Schaben und Rascheln. Hier sind wir wohl richtig. Gemeinsam gehen wir die Treppe hoch zum Eingang der Halle. Mit offenen Mündern betrachten wir den vor uns liegenden Raum. Ich denke nur: Jackpot! Vor uns türmen sich alte Möbelstücke, sogar Türen, ohne Ende Lackdosen, Holzbretter, Glasplatten, Polster, Leisten, Metallwinkel und Scharniere. Adam kommt uns entgegen. Sein Job ist, Rückbauten zu organisieren, wenn Gewerbe oder Industrie ausziehen. Weil bei diesen Einsätzen ganz gerne mal ein paar spannende Dinge zu haben sind, stellt er vieles bei eBay-Kleinanzei-

gen ein – meist sogar zu verschenken. Deswegen sind wir hier. Diese Halle war bis vor Kurzem ein Fotostudio. Für ein schickes Foto in irgendeinem Hochglanzblättchen wurden hier ganze Wohnlandschaften aufgebaut. Nur damit am Ende nach der Aufnahme alles weggeworfen wird. Glücklicherweise war Adam das auch zu blöd. »Ihr wollt ein Tiny House bauen? Das ist ja cool! Ich baue auch Häuser auf Rädern aus, nur noch kleiner, also Bullis.« »Was du nicht sagst? Haben wir auch gemacht!« Wir sind uns gleich auf Anhieb sympathisch. Adam führt uns ein bisschen durch die Halle und macht uns auf ein paar besonders interessante Teile für einen Hausbau aufmerksam. Wieder einmal bin ich für unseren kleinen, dicken Slow sehr dankbar. Seine Funktion als fahrbares Schlafzimmer ist die eine Sache. Was jedoch momentan noch viel wichtiger ist, ist sein großzügiger Laderaum. Schließlich wollen wir ein komplettes Haus bauen, zwar tiny, aber doch eine Ansage. Und da wir uns nichts neu kaufen und liefern lassen wollen, benötigen wir ein Vehikel für den Transport der ganzen Baumaterialien. Ich lebe im Grunde nur noch in der »Zu Verschenken«-Kategorie der Anzeigen. Ich habe eine Liste von Dingen gemacht, die wir vermutlich benötigen werden, aber ohne exakten Bauplan kann ich vieles nur mutmaßen. Eines steht jedoch fest: Wir brauchen richtig viel Holz. Für Gerüste, Verkleidung, innen sowie außen, sowie Stützbalken. Der Trüffel hier bei Adam ist dafür perfekt. Beim Trüffeln finden wir in der Regel Dinge, die Menschen einfach nur loswerden wollen und sich freuen, wenn ihnen jemand die Fahrt zum Recyclinghof erspart. Es sei denn, sie merken auf einmal, dass es Interesse dafür gibt. Wie dieser eine Kollege mit dem Spiegel. Es war ein sehr schöner, aber wohlgemerkt ein kaputter Spiegel. Der Rahmen war auseinandergebrochen, und je nach weiterer Verwendung hätte man ihn definitiv reparieren müssen. Als wir bei ihm zu Hause ankommen, um den Spiegel abzuholen, schimpft er:»Hätte ich gewusst, wie viele Leute sich dafür interessieren, hätte ich doch noch Geld verlangt.« Wenn wir bei unseren Trüffeltouren für einen solchen Satz jedes Mal fünfzig Cent bekommen hätten, könnten wir uns dafür bestimmt ein ordentliches Eis kaufen. Ben & Jerry's. Eine ähnliche Erfahrung hatten wir bereits auf dem Flohmarkt gemacht, auf dem wir einen Großteil unseres Besitzes verkauft haben. Wenn ich interessierte Menschen danach fragte, was eine bestimmte Sache ihnen wert sei, wurden sie unruhig und stammelten. Wie, kein Schild dran? Keine Vorgabe? Ich muss selbst entscheiden, ob ich etwas als wertvoll erachte, und auch noch nachdenken, für wie wertvoll? Das scheint für viele Menschen inzwischen ein riesiges Problem zu sein. Sie benötigen einen Gradmesser, um den Wert von Dingen oder auch Leistungen einschätzen zu können. Der Spiegelbesitzer hielt seinen Spiegel für wertlos. Erst als er merkte, dass andere ihn haben wollten, steigerte sich für ihn der Wert. Verrückt, oder? Entweder ich benötige und schätze etwas, oder eben nicht, unabhängig von einem Preisschild. Diese Erkenntnis war bei uns natürlich auch ein längerer Prozess. Mit jedem Stück Besitz, das Carsten und ich zugunsten unseres neuen Lebens aufgegeben haben, wurde uns Stuhl für Stuhl und Lampe für Lampe zunehmend bewusst, welchen Wert, und längst nicht nur monetär, die verbleibenden Dinge für uns hatten.

Für Adam ist eine solche nachträgliche Feilscherei zum Glück kein Thema. Munter hilft er uns dabei, unseren Bulli bis obenhin vollzuladen. Eine weiß-gelb verzierte Tür lacht mich besonders an. Ich sehe sie schon als unsere zukünftige Badezimmertür im Tiny House. Wir finden auch eine große Holzplatte, auf der ein Bild von Miró prangt. Auch diese findet in Gedanken schon ihren Platz an einer der Innenwände. Das letzte Polster fliegt noch hinten rein, und jetzt heißt es zurück zur Garage. Die Garage in Hamburg-Altona ist für uns während der Trüffelzeit extrem wichtig. Vor einigen Monaten, kurz nach dem Kauf des Bullis, wurde eine bei uns gegenüber der Wohnung frei, und wir ergriffen die Gelegenheit. Immerhin werden die Bullis extrem gerne geklaut, und der kleinen Rostmühle schadet ein trockener Stellplatz auch nicht. Inzwischen erfüllt die Garage aber mehr als einen Stellplatz für unser Auto: Sie ist zum Lager für unser Baumaterial geworden. Wir ziehen es eben wirklich durch. Ein Ausbau von Kevin, fast ohne Neumaterialien, mit extrem wenig Budget, und bis zu einem gewissen Grad soll das gesammelte Material vorgeben, wie der Bau nachher aussehen wird. Über viele Monate fahren wir mehrmals die Woche zu Menschen, die irgendetwas zu verschenken haben. Wir gehen nicht mit einer riesigen Liste in einen Baumarkt. Wir fahren zu Menschen wie Adam. Manchmal können wir einfach etwas abholen, manchmal müssen wir selbst noch Arbeit investieren.

Paul macht uns die Tür auf. Genau wie wir, trägt auch er Arbeitskleidung. Er führt uns in seine neu erworbene Maisonette-Eigentumswohnung mit Terrasse in Hamburg. Es sei schon nicht ganz ohne, in Hamburg eine Wohnung zu kaufen, sagt er. Die Preise steigen immer weiter, aber gerade deswegen wolle er für sich und seine Freundin etwas Eigenes haben, es würde ja nur noch heftiger werden. Paul arbeitet für einen großen Konzern im Business Development. Vieles in der Wohnung haben seine Freunde und er selbst gemacht, ohne Handwerker. Klar, kostet ja auch wieder richtig Geld. Gerade ist er dabei, die Fensterrahmen abzuschleifen und neu zu lackieren. Ich sehe mich um. »Sag mal, wieso willst du denn das Parkett hier eigentlich raus haben. Das sieht doch noch richtig gut aus!« Ich schaue ihn verwirrt an. Nicht, dass ich mich nicht freuen würde. Jemand will uns Eins-a-Parkett für unser Haus schenken? Aber gerne, immer her damit. Dieses hier ist wirklich top in Schuss und auch sehr sauber verlegt. »Meine Freundin steht da nicht so drauf. Sie möchte lieber so einen weißen PVC-Designboden haben.« Am liebsten möchte ich mir mit der Hand an die Stirn schlagen. Ob man die Freundin noch umtauschen kann? Aber gut. Ich bin nicht hier, um die fragwürdigen Entscheidungen anderer Menschen zu beurteilen, sondern um Paul um gut dreißig Quadratmeter Parkett zu erleichtern. Allerdings müssen wir es davor erst mal ausbauen. Stundenlang stemmen wir, klopfen, hebeln, was das Zeug hält. Die Parkettbohlen sind leider nicht nur gesteckt, sondern auch verklebt. Das erschwert die ganze Aktion erheblich. Schließlich wollen wir es einigermaßen unbeschädigt ausbauen, um es nachher wieder verlegen zu können. Als der Nachmittag langsam in den Abend übergeht, sind wir endlich fertig. Slow ist bis zur Belastungsgrenze vollgeladen. Wir verabschieden uns von Paul, und ich freue mich, dass seine Freundin lieber auf Plastik statt auf Holz geht. Ich schätze unseren Trüffel hier sehr. Er wird sich gut machen in unserem Zuhause.

Heute müssen wir gleich zwei Stationen abklappern. Im Hamburger Oberhafen gab es ein kleines Festival für Kinder. Nun sitzen die Organisatoren auf ihrem Equipment und haben keine Transportmöglichkeit dafür. Also soll einfach alles weg. Ein Auftrag für uns! Wir kommen gerade an und sehen das junge Orga-Team vor den Lagerhallen des Oberhafens in der Sonne sitzen. Sie haben schon mal alles rausgestellt, was noch da ist. Mein Blick fällt sofort auf die großen OSB-Platten. Perfekt! Von denen werden wir eine ganze Menge brauchen, damit wir entspannt die größeren Wandflächen nach der Isolation verkleiden können. Ah, sie haben sogar Bänke gebaut, die sie nicht mehr brauchen. Super! Entweder, wir nutzen sie auch einfach als Gartenbänke, oder wir bauen sie auseinander für die Wände. Wir wuseln uns durch ihr Inventar und packen ein, was geht. Da wir nicht ganz genau wissen, wie viel Material wir am Ende brauchen werden, wollen wir gut gerüstet sein. Sollten wir am Ende etwas übrig haben, könnten wir es ja immer noch weiterverschenken oder als Feuerholz verwenden.

Ein bisschen Platz ist noch auf der Ladefläche. Vom Oberhafen fahren wir Richtung Norden nach Eppendorf. Da wir viele Gerüste für die Dämmung bauen müssen, benötigen wir eine ganze Menge Kanthölzer. In Eppendorf warten immerhin schon mal ein paar auf uns. Wir kommen in eine schon fast leere Wohnung. Die Mieterin empfängt uns. »Eigentlich wollten wir immer ein Hochbett bauen und haben dafür jede Menge Balken und Hölzer gekauft. Das war vor sieben Jahren. Seitdem stehen sie ungenutzt bei uns im Flur. Jetzt ziehen wir nach Berlin um, und ich will sie wirklich nicht mitnehmen.« Sieben Jahre. Ich schaue mir das Holz an. Da sind sogar noch die Preisschilder drauf. Von Max Bahr. Den gibt es doch inzwischen schon gar nicht mehr. Es ist wirklich eine Krux mit der richtigen Balance zwischen Planung und Handeln. Aber wie ich so vor dem ganzen Holz stehe, bin ich dankbar. Dankbar dafür, dass *unser* Projekt immer mehr an Fahrt aufnimmt. Es gibt kein Zurück mehr für uns. Wir machen das einfach. Ich will nicht, dass unser Traum nur ein paar Holzleisten bleiben, die an der Wand lehnen. Ich will unser Hochbett.

Heute hat Carsten Geburtstag. Ich fahre gerade noch bei einem Bäcker vorbei, um Kuchen zu besorgen. Carsten hat vergangene Nacht bei seinem Bruder und dessen Familie geschlafen. Die beiden haben tatsächlich am gleichen Tag Geburtstag, zwei Jahre versetzt, und haben daher zusammen reingefeiert. Ich konnte nicht mitfeiern, da ich mal wieder arbeiten musste. Als ich mitten in der Nacht aus der Bar nach Hause gekommen bin, habe ich allerdings noch eine wichtige Sache vor dem Schlafen gemacht: getrüffelt. Inzwischen ist mir die Suche nach Baumaterialien in Fleisch und Blut übergegangen. Auf der einen Seite bleibt mir keine andere Wahl. Ohne Material können wir nicht bauen. Unser Zeitplan ist ohnehin sportlich. Wenn wir dann parallel immer noch ganz viel Zeug sammeln müssen, schaffen wir es nie vor dem Winter. Daher haben wir mit dem Sammeln auch schon angefangen, bevor Kevin überhaupt geliefert wurde. Ich scrolle durch die Anzeigen und finde etwas in der Nähe von Carstens Bruder. Eine Frau hat offenbar kürzlich ihr Holzgartenhaus abgerissen und will nun die alten Paneele loswerden. Das ist exakt, was wir noch brauchen, um später das Loft bauen und auch die offenen Stellen im Wagen verschließen zu können. Aber Carsten hat doch Geburtstag. Wie wird er das finden, wenn ich nach dem Kuchenessen gleich weiterwill, um eine Holzhütte einzureißen, alles einzuladen und damit ins Wendland zu gurken? Inzwischen ist unsere

Garage in Altona einfach zu klein geworden. Wenn wir das Auto auch noch darin parken wollen, ist kein Platz mehr für weiteres Baumaterial. Wir sprechen mit unseren neuen Vermietern. Wenn der Bauernhof etwas hat, dann ist es Platz. Wir können unser weiteres Material unter dem Schleppdach der Scheune lagern, damit es trocken bleibt. Genial! Wochenlang fahren wir zwischen Hamburg und unserem Stellplatz hin und her und bringen dabei immer wieder weiteres Baumaterial mit. An manchen Tagen fahren wir zweimal hin und wieder zurück, wenn es die Zeit zulässt.

Ich klingle bei Carstens Bruder. Hallo, Umarmung, Geburtstagswünsche und Kuchen. Ich sitze hibbelig am Tisch. »Duhu, Carsten, ich hätte da für nachher noch einen Trüffel hier um die Ecke. Schau mal.« Carsten schaut erst verdutzt und nimmt dann mein Handy. Er wischt durch die Bilder der Anzeige. Sein Mund entspannt sich zu einem Lächeln. Puh. Er sieht auch, wie wichtig das Material für uns ist. »Klar! Da fahren wir hin!« »Ist es auch wirklich okay für dich? Du hast ja schließlich Geburtstag.« »Ja, mein Gott, dann ist es halt mal so. Dieses Jahr ist Ausnahmezustand.« Ich schiebe mir noch eine letzte Gabel Kuchen in den Mund, man soll ja auch nichts verschwenden, und dann geht es los. Nach gerade einmal fünf Minuten Fahrtzeit stehen wir auf dem Grundstück von Martina. Die zierliche, brünette Frau steht mit einem großen Hammer an einer Ziegelwand und versucht, diese klein zu kriegen. Noch ist nicht so ganz klar, wer als Sieger hervorgehen wird. Ihr Sohn wollte das eigentlich mit einem Freund machen. So richtig weit seien sie aber nicht gekommen. Die Gartenhütte wäre zwar nur aus Holz gewesen, der Kamin allerdings massiv gemauert. Wie ein kleines

Mahnmal steht er jetzt als einzige größere Erhebung auf der Wiese. Der Rest der Hütte liegt bereits in verschiedenen Haufen um uns herum verstreut. Im kommenden Frühjahr möchte Martina mit ihrer Familie hier anfangen, ein eigenes Haus zu bauen, dafür musste die Freizeithütte weichen. Für uns ist es einfach optimal. Die Hütte stand vielleicht gerade einmal zwei Jahre. Das Holz ist fast wie neu, und die Massivholzpaneele werden bestimmt super an unserem neuen Zuhause aussehen. Als kleines Schmankerl sehe ich noch ein paar dicke Balken, die wir für das Loft brauchen werden. Gleichzeitig finde ich es schade, dass das fast neue Holzhäuschen nach einer so kurzen Zeit schon wieder weichen muss. Wir können es jedoch nicht ändern. Was wir allerdings machen können, ist, die Überbleibsel des Häuschens einer neuen Verwendung zuzuführen. Wir haben schon einen guten Teil auf die Ladefläche unseres Bullis gepackt. Zeit für eine kleine Pause und einen Schluck Wasser. Die Arbeit ist durchaus anstrengend. Maximal zweieinhalb Meter Länge darf alles haben, was wir so transportieren. Das entspricht der Länge unserer Ladefläche. Alles was darüber hinausgeht, sägen wir ab. Das ist beim Trüffeln und später beim Bau durchaus eine Herausforderung. Mitunter wären längere Balken sehr nützlich. Aber es ist eben nicht drin, und wir arbeiten mit dem, was uns möglich ist. Leider hat Martina noch keinen Strom auf dem Grundstück. Während ich Leiste für Leiste verstaue, kürzt Carsten wie ein Weltmeister alle Teile mit einer Handsäge. Martina fragt, was wir denn damit eigentlich vorhätten. Na, ein Tiny House bauen, natürlich. Jetzt? Vor dem Winter? Ja, das ist der Plan. Ach, das fände sie ja toll, dass wir das einfach so machen. Ich lächle. Das haben wir schon oft gehört in den letzten Monaten. Ich finde

Martina wirklich sympathisch. Wir unterhalten uns angeregt miteinander, aber auch bei ihr schwingt bei diesem Satz gleichzeitig ein gewisses Unverständnis mit. »Ich finde es toll, dass ihr so was einfach macht, aber um Himmels willen! Habt ihr euch das wirklich gut überlegt?« Viele Leute bewundern, was wir tun, und unseren Elan. Auf der anderen Seite ist es für die meisten unvorstellbar, diesen Weg zu gehen und dann auch noch auf diese spezielle Art und Weise. Immer wieder erhalten wir Tipps, wie man dieses und jenes mit dem richtigen Equipment aus dem Baumarkt noch besser machen könnte. Da haben sie vielleicht recht. Aber wir halten stur an unserem Plan fest. Sollte nachher alles den Bach runtergehen, können wir immer noch umdisponieren.

Wir verlassen Martina mit vollem Bulli und fahren mal wieder ins Wendland, um unsere Beute zu verstauen. Immer wieder bringen wir auch die gelagerten Dinge aus der Garage Stück für Stück zur Scheune, wie das Parkett. Bevor wir mit den gebrauchten Materialien loslegen und den Ausbau beginnen, nehmen wir noch eine gute Abräummöglichkeit mit: den Abbau eines alten Dachstuhls. In den letzten Monaten habe ich automatisch eine ganze Menge über den Hausbau gelernt. Natürlich, da sind zum einen die Recherchen auf Blogs, bei YouTube, wo auch immer. Zum anderen habe ich ziemlich häufig halb abgerissene Gebäude gesehen. Interessant, wie so eine Dachstuhlkonstruktion aussieht. Vor allem aber ein super Trüffel für uns, weil unser Kontingent an Kanthölzern damit erst mal aufgefüllt sein sollte.

Es ist so weit. Vor uns liegen haufenweise Materialien, und Kevin steht inzwischen genau an Ort und Stelle. Jetzt gibt es keine Ablenkung mehr, die Baustelle ist eröffnet.

„Wir packen das schon"

 Das Klingeln des Weckers schleicht sich
klammheimlich von hinten an, stupst
mich, zerrt dann an mir. Wie ein Hund, der
einfach nicht Ruhe geben will, bis ich aufgestanden bin
und ihn gefüttert habe. In meiner morgendlichen Verne-
belung versuche ich, den Wisch-Button von meinem
Handy zu treffen. Boah, diese Technik ist echt nicht für
unkontrollierte, schlaftrunkene Tapsigkeit geschaffen.
Nach dem dritten Versuch gelingt es endlich, und dieser
gemeine Ton hört auf. Ich rolle mich auf den Rücken und
versuche, mit eiserner Willenskraft meine Gliedmaßen
davon zu überzeugen, sich zu bewegen. Klappt nicht so
richtig gut. Ich bin erst vor fünf Stunden ins Bett gekommen, meine Schicht in der Bar hat gestern ziemlich lange
gedauert. Es ist Sonntag. Carsten wartet schon. Er ist bereits Freitag ins Wendland zu Kevin gefahren, um an unserem künftigen Zuhause zu arbeiten. Ich konnte noch nicht
aus Hamburg weg. Die Arbeit in der Bar rief. Heute kann
ich nachkommen, und wir können gemeinsam weiter-
ackern. Da ich nur drei Tage habe, bis ich wieder in die
Agentur und damit zurück nach Hamburg muss, will ich
die Zeit so gut wie möglich nutzen. Es ist schließlich schon

Ende Oktober, und wir sind noch längst nicht so weit, überhaupt einen einzigen geschlossenen Raum zu haben, in dem wir überwintern könnten. Mein Schlaf muss also warten. Ich rolle mich aus dem Bett raus, schmeiße mich in Arbeitsklamotten und packe etwas Verpflegung für die nächsten Tage ein. Ordentlich Lebkuchen ist als Seelennahrung für Carsten dabei. Das erscheint mir heute besonders wichtig, denn es gehört zu seinen liebsten Naschereien, und er hat ein paar heftige Nächte hinter sich. Carsten hat keinen Führerschein, daher konnte er den Bulli nicht schon mal mitnehmen und darin schlafen. Stattdessen steht das Auto schön bei mir in Hamburg, und mein lieber Mann musste die letzten Nächte in unserem bisher noch sehr offenen Bauwagen verbringen. Immerhin haben wir schon angefangen die ersten Wände zu öffnen, um unseren Traum vom Tiny House zu verwirklichen. In warmen Sommermonaten kein Problem. Was macht es da schon, wenn die Fenster rausgerissen sind und das Dach bisher eher ein Nudelsieb ist? Letzte Nacht tobte allerdings ein fieser Sturm. Überall in Deutschland sprechen die Nachrichten von starken Schäden. Entwurzelte Bäume, Wasserschäden, Chaos. Vor meinem geistigen Auge sehe ich unseren Platz auf dem Bauernhof vor mir. Direkt neben unserem Wagen stehen locker fünfzehn Meter hohe Bäume. Eigentlich ein wundervoller Anblick, dieser alte Baumbestand aus Eichen, Ahorn, Kirschbäumen und Buchen. Aber stehen sie noch? Was, wenn der Sturm einen Baum auf den Wagen geweht hat? Selbst ein großer Ast würde erheblichen Schaden anrichten. Wir haben zwar einen gewissen Sicherheitsabstand zwischen Kevin und den umstehenden Bäumen belassen, aber die kleine, sorgenvolle Stimme nagt dennoch an mir. Würde

es im Fall des Falles ausreichen? Geht es Carsten überhaupt gut? Ich habe ihn noch nicht erreichen können und
werde langsam unruhig. Schnell noch die Packung Schrauben einstecken, die ich mitbringen sollte, einen letzten
Rest Kaffee gegen die gröbste Erschöpfung runterkippen,
ab ins Auto, und los geht es. Auf der Fahrt scheint mir die
Sonne ins Gesicht, die Luft ist klar, und der Himmel leuchtet in einem strahlenden Blau. Das Unwetter der letzten
Nacht hat sich verzogen, aber als ich ins Wendland mit seinen Wäldern und Feldern eintauche, sehe ich die Verwüs-
tung. Überall liegen abgeknickte oder entwurzelte Bäume
an den Straßenrändern, und ich muss großen Ästen ausweichen, die auf der Straße liegen. Ich werde immer unruhiger. Carsten geht nach wie vor nicht ans Telefon. Ist ihm
etwas passiert? Nach einer gefühlten Ewigkeit biege ich
endlich in die Einfahrt des Bauernhofs ein. Ich springe
aus dem Auto und laufe zu unserer Baustelle. Als ich Carsten sehe, wie er mir mit halb offenen Augen und zerzaus-
ten Haaren entgegenschlappt, springt mein Herz. Er lebt,
Kopf ist dran, restliche Gliedmaßen auf den ersten Blick
auch. Das ist doch schon mal was! Ich umarme und küsse
ihn. »Wieso bist du nicht ans Telefon gegangen?! Ich
dachte, du liegst tot unter einem runtergefallenen Ast!«
»Oh, sorry, hab es nicht klingeln hören. Ich bin seit heute
Nacht auf den Beinen und versuche, das Wasser vom
Innenraum fernzuhalten. Das war echt übel! Ich habe mir
so viele Eimer und Schüsseln geschnappt wie möglich, um
die tropfenden Stellen zu erwischen. Die blöde Plane auf
dem Dach hat sich die ganze Zeit losgerissen. Ich bin ständig bei diesem scheiß Wind und Regen aufs Dach geklet-
tert. Ach übrigens, wir brauchen eine neue Flex. Der Motor
hat Feuer gefangen, und das Ding ist im Arsch.« Plane?

Abgefackelte Flex? Ich blicke hinter ihn. Alle Bäume stehen noch. Ein Hoch auf das anständige Wurzelwerk dieser alten Kaventsmänner! Aber, was ist das? Irgendwie sieht der Bauwagen ganz anders aus. Im mittleren Teil ist die Decke auf einmal einen guten halben Meter höher. Das Metalldach ist zersägt, und aus ein paar undichten Stellen wurden riesengroße, klaffende Löcher durch den Höhenversatz. Einzig eine alte, dunkelgrüne, nicht gerade löcherfreie Plane bedeckt das Gröbste. »Was hast du getan?!« Ich kann es nicht fassen. Gerade einmal zwei Tage war Carsten alleine. Ich dachte, er beginnt damit abzudichten, zu isolieren, eben einfach schon mal den herannahenden Winter auszusperren. Stattdessen hat er den Wagen nur noch mehr aufgerissen. Sommerlich sähe es aus, sagen die Nachbarn auf dem Hof. Haha. Super witzig! »Na, ich muss doch die neue Haustür einbauen. Die ist einfach zu hoch gewesen für die eigentliche Raumhöhe. Und schau mal, das ist doch jetzt total geil mit dem höheren Raum. Das wirkt beim Reinkommen richtig gut.« Die Tür war zu hoch. Hm. Hatten wir nicht gesagt, wir kürzen die Tür ein wenig? Flexen einfach den oberen Bereich, wo ohnehin nur ein Fenster war, ab und bauen sie dann ein? Carsten guckt verschmitzt. Jaahaa, aber das mit dem Fenster sähe so nett aus. Er wollte es dann doch nicht abflexen. So ginge es doch auch. Ja, natürlich. Wir haben ja schließlich noch einen ganzen Monat, bevor wir keine Wohnung in Hamburg mehr haben und im Winter ohne Dach über dem Kopf dastehen. Warum also nicht einfach den ganzen Laden entspannt weiter zerlegen? Mein Herz pocht im Staccato. Im Kopf dröhnt ein leises Rauschen. Bin ich jetzt beeindruckt von seiner Gelassenheit, oder möchte ich doch lieber gegen sein Schienbein treten? Okay. Wuusaaaa. What's done is done. Ich marschiere zum Eingang das Wagens. Die alte, morsche Tür ist bereits abmontiert, und daher klafft auch hier ein großes Loch. Die neue, große Tür lehnt an der Seite und wartet auf ihren Einbau. Ich trete ein und sehe nach oben. Carsten schlängelt sich hinter mir mit einem nervösen Lächeln herein. Er zeigt hierhin und dorthin. Erklärt mir, wo er mit Holz arbeiten und wo er lieber eine Plexiglasscheibe einbauen will, damit in den Eingangsbereich von allen Seiten natürliches Licht hereinkommen kann. Verdammt. Ich kann mich nicht mal mehr aufregen. Er hat recht. Es ist wirklich eine tolle Wirkung, beim Hereinkommen diese hohe Decke zu haben, mit einem Ausblick nach draußen und in den Himmel hinein. Wie bei einem digitalen Wohnungsplaner fügen sich in meinem Kopf alle Elemente an Ort und Stelle, und ich visualisiere vor meinem inneren Auge die fertigen Wände, Fenster und Regale, den Kamin, der im Flur stehen wird. Das wird richtig gut. Carsten freut sich, als er merkt, dass ich überzeugt bin und ihm nicht den Kopf abreißen werde. Heute zumindest.

Das ändert aber nun mal nichts daran, dass wir noch einen ordentlichen Haufen Arbeit vor uns haben, bis unser Tiny House sich wirklich so nennen darf. Ich kann nicht gerade behaupten, dass ich komplett tiefenentspannt bin. Ich habe nämlich ein kleines Geheimnis: die Angst vor Kälte. Ich meine jetzt nicht ein bisschen Frischluft, sondern dieses Gefühl, dass die Kälte in die Knochen eindringt und sich derart festsetzt, dass ich mindestens eine halbe Stunde in einer Badewanne brauche, um die Wärme überhaupt richtig zu spüren. Im Grunde ist diese Angst momentan mein größtes Problem. Wenn ich den aufgerissenen Bauwagen sehe und gleichzeitig merke, wie die Nächte und auch die Tage immer kälter werden, steigt diese Panik in mir auf. Wie sollen wir es nur schaffen, in etwas über einem Monat in diesem acht Meter langen Schweizer Käse zu leben? Im Winter! Wir können ja nicht mal jeden Tag am Wagen arbeiten. Ich habe immer noch meine zwei Jobs in Hamburg, und auch Carsten hat seinen Patientenstamm dort und muss für Behandlungen vor Ort sein. Also pendeln wir zwischen Hamburg und dem Wendland. Eineinhalb Stunden Fahrt für eine Strecke. Und das auch nur, wenn keine Baustelle ist oder generell viel los auf den Straßen. Meistens dauert es also eher noch länger. Über Wochen führen wir zwei Parallelleben. Das eine in der Stadt, mit unserer normalen Wohnung und unseren Jobs, die die Miete bezahlen. Das andere auf dem Land, ständig mit Werkzeugen und verschmutzten Gesichtern an unserem Wagen werkelnd. Wir haben keine freien Tage mehr. Keinen einzigen. Jeder Tag ist ein Arbeitstag, auf die eine oder andere Weise.

Ich stehe mit einem Pinsel in der Hand auf einer Leiter und streiche damit an der Wand entlang. Draußen wird es bereits dunkel, als ich die letzten Pinselstriche ziehe. Ich steige von der Leiter, gehe einen Schritt zurück und betrachte mein Werk. Keine Flecken zu sehen, die Wand ist gleichmäßig weiß. Ich sehe mich im Raum um. Die meisten wichtigen Möbelstücke stehen bereits drin. Ein Sessel, ein kleiner Schrank, ein kleiner Tisch und zwei Regale für die vielen Fachbücher über Akupunktur, manuelle Therapie, Anatomie, Kräuterkunde und was weiß ich noch alles – und natürlich die Massageliege. Ich stehe nicht in unserem Bauwagen. Ich stehe in Carstens zukünftigem Praxisraum auf dem Land. Da er nicht mehr nur in Hamburg Patienten behandeln will, sondern auch hier, hat er einen Raum in einer Gemeinschaftspraxis angemietet. Die letzten zwei Tage haben wir uns damit beschäftigt, den Raum so gut wie möglich einzurichten und aufzuhübschen, sodass er nach unserem endgültigen Umzug aufs Land sofort auch vor Ort arbeiten kann. Ist ganz schön geworden, die zwei Tage haben sich gelohnt. Zumindest für die Praxis. Unserem Zuhause haben sie allerdings nicht geholfen. Kevin ist immer noch nicht fertig. Das Dach ist nach wie vor nicht dicht, und er glänzt mit mehr Löchern als festen Wänden. Dennoch mussten wir diesen Raum hier fertigstellen und daher unsere wichtigste Baustelle vernachlässigen. Ein weiterer Punkt auf unserer Agenda, die immer länger zu werden scheint. Erschöpft packen wir die Malersachen ein und schmeißen alles in den Kofferraum von Slow. Es geht wieder zurück zum Bauernhof. Morgen können wir endlich wieder an unserem Zuhause arbeiten. Es wird Zeit. Mit jedem Tag, der vergeht, werde ich nervöser und frage mich, ob wir vielleicht mit dem Kündigen der Wohnung doch noch hätten warten sollen. Carsten bleibt ganz locker. »Wir haben doch den Bulli. Ein Dach über dem Kopf haben wir also auf jeden Fall. Stress dich mal nicht so.« Stress dich mal nicht so. Boah. Da könnte ich ausrasten. Als würden wir gerade einen neuen Teppich fürs Wohnzimmer aussuchen und nicht kurz davor stehen, im Winter draußen zu leben. Aber es ist gut so. Durch unsere unterschiedlichen Mentalitäten stützen wir uns letztlich gegenseitig. Carsten gibt mir durch seine Gelassenheit das Gefühl, dass alles im Lot ist; wir packen das schon. Auf der anderen Seite verlässt er sich auf meinen inneren Derwisch, der mehr oder weniger auf Autopilot arbeitet, wenn es sein muss, bis alles geschafft ist.

Es ist mal wieder Sonntag, die Tage rasen dahin. Noch

zwei Wochen bis zum Tag X. Bis wir endgültig die Wohnung abgeben. Ich wache langsam auf und riskiere einen ersten schläfrigen Blick. Die Fenster des Bullis sind von innen beschlagen. Natürlich, wir hatten ja auch alle Türen die Nacht über geschlossen, um irgendwie ein bisschen unsere Körperwärme zu halten. Ich trage eine Mütze, zwei Pullover und dicke Wollsocken. Über mir liegen noch mal zwei Decken. Es ist wirklich erstaunlich warm, solange ich alle meine Körperteile unter der Decke lasse. Darüber liegt frühmorgendliche Kälte. Die oberste Decke ist klamm. Es ist allerdings immer noch besser, als im offenen Bauwagen zu schlafen. Während der ganzen Bauphase dient unser kleiner Bulli als unser Schlafzimmer. Glücklicherweise können wir die Küche und auch das Badezimmer im Hof nutzen, um uns mal etwas zu kochen, uns aufzuwärmen oder zu waschen. Letzteres machen wir, ehrlich gesagt, eher selten. Jeden Tag werfen wir uns in die dreckigen Arbeitsklamotten des Vortages und fangen an zu sägen, zu hämmern und zu bohren. Bei Wind und Wetter. Wir schwitzen und stauben ein. Jeden Tag arbeiten wir, bis es dunkel wird. Meistens sind wir abends so platt, dass wir keine Lust mehr haben zu duschen. Morgen werden wir doch eh wieder dreckig. Was soll's. Ich drehe mich im Bulli um und will nach meinem Handy greifen, um die Uhrzeit zu checken. Als ein Schmerz mir durch Mark und Bein fährt, schreie ich auf. Ich kann die Finger meiner rechten Hand nicht bewegen, stattdessen spüre ich nur diesen Schmerz. Wie in einer Klaue ist meine Hand erstarrt. Die linke schmerzt zwar auch, aber ich kann die Finger noch bewegen. Langsam massiere ich mit der etwas intakteren Hand meine rechte. Versuche, die Finger irgendwie zu mobilisieren und die Klaue zu öffnen. Ich weiß nicht genau, was passiert ist. Ich seufze und reibe weiter meine Hände, versuche, sie aufzuwärmen. Die starke Belastung durch den Bau ist neu für mich. Natürlich habe ich auch vorher hin und wieder mal Hammer und Bohrmaschine in der Hand gehabt. Doch nun bin ich auf einem ganz neuen Level. Stundenlang und mehrere Tage in der Woche stehe ich draußen und arbeite. Die ständigen Vibrationen und ruckartigen Bewegungen der Werkzeuge, die Nässe, die Kälte, all das zieht über Wochen in meine Knochen, Muskeln und Sehnen. Bis an diesem heutigen Morgen die ständige Arbeit ihren Tribut fordert. Eigentlich bereits ihren zweiten. Bis vor wenigen Tagen lag ich noch mit der schlimmsten Erkältung, die ich jemals hatte, flach. Fast drei Wochen habe ich mich mit Husten, Halsschmerzen, Schwächegefühlen und einem fast explodierenden Kopf herumgeschlagen. Früher hätte ich es auskuriert, wäre zu Hause geblieben und hätte mich krankschreiben lassen. Diesmal nicht. Das Haus muss ja fertig werden. Winter is coming. Jetzt also auch noch die Hände. Toll. Ich rolle mich aus dem Bett und wühle in unserem kleinen Apothekenschränkchen im Bulli. Apothekenschränkchen ist vielleicht ein bisschen übertrieben. Eigentlich sind da nur Bullrichsalz, Schwedenkräuter, Kamillentinktur, Blasenpflaster und Isländisch-Moos-Hustensaft drin. Und die Voltaren-Salbe. Sie gehört zu den wenigen Chemiekeulen, auf die ich noch nicht verzichten mag. Jetzt ist sie mein Lebensretter. Ich gönne mir noch zwei Minuten Selbsthandmassage mit der Salbe und raffe mich dann auf. Pausieren geht jetzt einfach nicht. Carsten ist bereits aufgestanden und scheint irgendwo auf dem Hof unterwegs zu sein. Als ich aus der kuscheligen Schlafkoje herauskrieche, kommt er mir mit einer Kanne Kaffee entgegen. Klasse Typ. Das tut jetzt richtig gut. Ich erzähle ihm von meiner Hand. Rheumatisch, scherzt der Witzbold da. Super, denke ich mir. Ach na ja, ich habe ja noch eine zweite Hand, ein paar Füße auch, mal ganz gelassen bleiben. Das wird schon. Wir treten mal wieder in unsere Baustelle ein. So langsam lässt sich erahnen, wie der fertige Zustand vielleicht aussehen könnte. Inzwischen haben wir die Löcher in den Wänden unseres späteren Wohnzimmers entweder mit Holz oder den zweifachverglasten Fenstern verschlossen, die wir gebraucht gekauft oder geschenkt bekommen haben. Eigentlich wollten wir neben einer gläsernen Terrassentür noch zwei weitere Fenster einbauen. Offenbar waren wir etwas zu stürmisch, da eine der Scheiben beim Einsetzen sprang. Es war irgendwie ein schöner Moment. Erst stutzten wir beide, wollten schon losmotzen, schauten uns an und schmissen die Scheibe dann einfach gemeinsam wortlos zur Seite zu den Bauabfällen. Dann wird es eben nur ein Fenster. So what. Im Laufe der Bauzeit haben wir gelernt, die Situationen auch einfach so zu akzeptieren, wie sie sind. Was hilft es, sich groß aufzuregen? Dadurch wird es ja auch nicht besser. So stieß ich mal eine große, dicke OSB-Platte um, die an der Wand lehnte. Sie ging krachend zu Boden und riss dabei einen Stützpfeiler mit um, den Carsten verbaut hatte. Nach dem ersten Schreck darüber war ich ganz froh. Die Substanz des Pfeilers war sowieso nicht mehr optimal gewesen, das Holz schon morsch. Was für ein Stützbalken wäre das geworden? Manchmal ist eine leichte Tollpatschigkeit gar nicht so schlecht.

Sogar Strom haben wir inzwischen im Bauwagen. Der Mann von Carstens Cousine, seines Zeichens Elektriker, kam vorbei und installierte einen Sicherungskasten mit

Zähler und zwei Steckdosen. Damit konnten wir schon mal gut arbeiten. Ein dickes Kabel führt nun über den Hof zur Scheune und versorgt uns von dort mit dem notwendigen Strom für Lampen und Werkzeuge. Es ist nicht das einzige Kabel, mit dem wir den Hof überspannen.

»In welcher Wohneinheit sind Sie denn dort?«»Wie soll ich sagen. Es ist nicht direkt im Haus, sondern so etwa einhundertfünfzig Meter dahinter.« Stille am anderen Ende der Leitung. Ich versuche schon seit fünf Minuten, der Dame von der Telekom zu erklären, wofür ich nun genau eine Leitung freigeschaltet haben will und wo der Anschluss verlegt werden soll. Ich würde ja gerne mobiles Internet über einen Handy-Hotspot nutzen, aber es gibt bisher einfach keine bezahlbaren Optionen in Deutschland mit einem unbegrenzten Datenvolumen. Damit ich ein stabiles Internet für mein Home Office habe, muss tatsächlich eine feste Leitung her – bis zu unserem kleinen Häuschen. Ich einige mich mit der überforderten Dame darauf, dass sich ein Techniker die Situation einfach mal vor Ort ansieht. Ich bin schon leicht hibbelig. Ein funktionierendes Internet ist einer der Grundpfeiler für unsere Pläne. Ich habe kein gesteigertes Interesse daran, drei Tage die Woche nach Hamburg zu pendeln. Stattdessen habe ich mich mit meinem Arbeitgeber darauf geeinigt, an einem Tag im Büro zu erscheinen und die restliche Zeit Home Office machen zu können. Ohne Internet kein Home Office. Selbstverständlich fällt der erste Termin mit dem Techniker gleich mal aus. Er ist krank. Zwei Wochen später schlägt er dann endlich auf. Ich zeige ihm erst mal, wo der offizielle Anschluss am vorderen Teil des Bauernhofs ist. Auch er will wissen, wo die Wohnung im Haus ist, die den neuen Anschluss bekommen soll. Ich grinse etwas unbeholfen und führe ihn um das Haus herum zur hintersten Ecke des Grundstücks. Kevin präsentiert sich in seiner schönsten Baustellenpracht. »Da hin? Oha, das sind ja locker hundert Meter oder mehr.« Jooaa, das könnte schon sein. Damit hatte er nicht gerechnet. Dafür bräuchten wir auf jeden Fall ein langes Erdkabel, und um das zu verlegen, müssten wir noch mal einen separaten Termin beantragen. Frühestens in vier Wochen allerdings. Vorher wäre dafür keine Zeit. Außerdem würde das auch richtig teuer. O Scheiße, denke ich mir. Das wird ja doch ein größerer Aufriss. Ob er denn nicht irgendwas machen könnte, als Provisorium oder so? Glücklicherweise haben wir einen extrem netten Techniker erwischt. Damit wir zumindest schon mal etwas arbeiten können, schaltet er eine Leitung frei und führt einen dünnen Klingeldraht vom Anschluss am Vorderhaus quer über den Hof bis hinter zu unserem Bauwagen. Ich beobachte ihn bei seinem Unterfangen und denke die ganze Zeit: »Nie im Leben funktioniert das Internet damit.« Vorn an den Draht wickelt er einen Stock zur Beschwerung. Er spaziert damit am Hofgebäude vorbei und wirft den Draht mal hier und mal dort über einen Ast im Baum und über Zäune drüber. Am Ende steht er am Eingang von Kevin, stopft den Draht in eine Telefonbuchse, wickelt noch ein paar Mal Klebeband drum herum und wirft den ganzen Salat dann einfach in unsere zukünftige Küche rein. Später könnten wir diesen dünnen Draht dann einfach durch ein Erdkabel ersetzen, das etwa zehn Zentimeter im Boden verbuddelt werden müsste. Das könnten wir durchaus auch selbst machen, wenn wir die Installation nicht abwarten und bezahlen wollen. Aha. Und jetzt haben wir Internet? Jo. Mit den Zugangsdaten könnten wir uns jetzt einwählen. Ich denke an frühere

Wohnungen und wie es immer Probleme bei der ersten Einwahl und Anmeldung gab. Jetzt, mit diesem abenteuerlichen Kabelsalat, sollte das einfach so klappen? Und was soll ich sagen: Das erste Mal in meinem Leben läuft wirklich alles glatt. Der Wagen ist noch die totale Baustelle, die eine Hälfte nicht einmal geschlossen, und trotzdem haben wir bereits Internet. Wenn die Generation Y im Bauwagen lebt: kein Dach, dafür Netz. Carsten und ich kommen zusammen auf drei Laptops, einen Desktop PC, drei Smartphones, eine digitale Spiegelreflexkamera, ein paar Boxen, mit oder ohne Bluetooth und Akkus für unterwegs. Wir sind durchaus technikaffin. Ein Leben ohne Internet möchte ich mir nicht mal vorstellen, obwohl ich noch zu der Generation gehöre, die den Übergang miterlebt hat. Wenn ich ganz früher etwas für die Schule recherchieren musste, dann habe ich das über die Encarta Enzyklopädie an unserem alten und einzigen Computer zu Hause gemacht. Das waren so fünfzehn CDs, oder sogar mehr? Auf jeden Fall eine Art Wikipedia, verteilt auf viele CDs. Internet? Pah, damit ging es gerade erst los. Die ersten Menschen erzählten mir vom »Surfen« im Internet, und ich weiß noch genau, dass ich absolut nicht verstanden habe, was das überhaupt bedeuten soll. Wie surfen die denn da? Ich habe damals am liebsten draußen gespielt oder in meinem Kinderzimmer. So mit Puppen. Oder gemalt. Was man halt so macht als Kind ohne Fernseher und ohne Internet. Stundenlang saß ich vor dem Radio und habe gewartet, dass all die Lieder liefen, die ich auf meiner Kassette für den Walkman haben wollte. Dann immer, zack, schnell auf die Aufnahmetaste gedrückt. Und wenn dann der Moderator vor Ende des Songs schon angefangen hat loszulabern, habe ich eine mittlere Krise bekommen.

Mit dem Einzug der MP3 Player war dann zum Glück Schluss mit halb eingesprochenen Sätzen auf meiner Backstreet-Boys-Kassette. (Zu meiner Verteidigung: Ich war noch ein Kind und wusste es nicht besser.) Was für eine Revolution! Einfach tiefenentspannt alles downloaden, was ich haben will. Ich gebe zu, ich habe ewig gebraucht, um die Technik dahinter wenigstens im Ansatz zu verstehen. Ein digitales Naturtalent war ich zu Beginn der Digitalisierung definitiv nicht. Ich habe ja schon Schwierigkeiten mit Schallplatten. Jetzt mal im Ernst: Eine Plastikscheibe mit ein paar Rillen und eine Nadel sorgen dafür, dass daraus Melodie und Text hervorkommen? Das ist doch komplett irre! Ist da Feenstaub drauf?

Um also so schnell wie möglich online sein zu können, organisieren wir schnellstens ein Erdkabel, und Carsten gräbt sich einen Tag lang mit Spaten und Spitzhacke über den Hof. Gestein, alte Metallwerkzeuge oder Reste von Agrarmaschinen erschweren ihm das Buddeln. Als er endlich am Wagen ankommt, steht ihm die Erleichterung ins Gesicht geschrieben. Unser Timing könnte nicht besser sein. Erstens fängt wenige Tage später der Boden an zu gefrieren. Durch den steinharten Frostboden hätte sich Carsten nicht durchwühlen können. Außerdem reißt ein Trecker schon am nächsten Tag den Klingeldraht ab, der sich über einen Weg auf dem Hof spannt. Offenbar lag er doch nicht hoch genug. Wir schließen das Erdkabel an, und auch das funktioniert. Unfassbar. Ein Check auf der langen Liste.

In den letzten Tagen habe ich die Wände im Wohnzimmer und Eingangsbereich mit einer sechs Zentimeter dicken Schicht Thermojute isoliert sowie mit unseren gesammelten OSB-Holzplatten und allem, was ich sonst so an Holz dahatte, verkleidet. Sieht ein bisschen nach einer

So fing es an: ein 30 Jahre alter Bauwagen, abblätternder Lack, vermoderndes Holz und ein undichtes Dach.

Ein paar Monate und viele Arbeitsstunden später: Der alte DDR-Charme weicht einem Upcycling-Tiny-House

Bevor es kuscheliger wird, müssen erst mal noch mehr Löcher her.
Raus mit den alten Fenstern und rein mit den neuen!

Was nicht passt, wird passend gemacht: Mit der Flex bearbeitet
Carsten den Fensterrahmen.

Kurz vor Wintereinbruch: Das Gerüst für das Schlafloft steht schon mal. Fehlen nur noch die Wände, eine Tür, Fenster, ein Dach ...

Goldener Herbst und das fertige Tiny House leuchtet mittendrin.

Im Sommer versteckt sich das neue Zuhause hinter dem dichten Blätterwerk des alten Baumbestandes.

Beim Landleben darf der eigene Garten nicht fehlen. Alles ist vorbereitet für Gemüse und Kräuter und die Segel flattern im Frühlingswind.

Freilaufende Hühner auf dem Hof: komödiantisches Theater und kleine Gartenzerstörer in einem.

Das Schlafloft von innen: Immerhin ist das Fenster schon eingebaut und ein paar Wände stehen. Alles noch sehr luftig.

Wenig später: Na also! Alles ist verschlossen und wir können aus dem Fenster in Richtung Hof und auf die Scheune mit dem Kauz blicken.

Wer guckt denn da? Über die Treppe geht es rauf aufs Loft

Da liegt wohl noch ein bisschen Arbeit vor uns: Die Decke in der Küche fällt halb runter, das Loft ist ein karges Gerüst, der Wagen ist überall offen. Baustelle at its best!

Juhuu! Die Küche ist endlich ein buntes Wohlfühlparadies und die Dachbodentreppe führt hinauf zum Loft.

Auch charmant: Die Küche im Bauwagen im Originalzustand.
Vielleicht mit ein bisschen Farbe ...?

Der Flur im alten Bauwagen: blaue Gummiplane auf dem Boden,
veraltete und kaputte Elektrik, vergilbte Wände und ein Gestank ...

Küche, Flur und Wohnzimmer nach einer gehörigen Portion Liebe und Schweiß. So gefällt uns das doch gleich viel besser!

Wie viel Nähe macht glücklich? Das 10 qm Wohnzimmer fungiert fast 3 Monate als Schlaf- und Arbeitszimmer für zwei.

Die ersten Schritte sind geschafft: Der Boden im Wohnzimmer ist fast fertig verlegt und die Wände sind mit Thermojute isoliert und verkleidet.

Selbst ein paar alte Möbel aus der Stadtwohnung finden ihren Platz: der Tresen aus Europaletten und der Kleiderschrank. Es sieht schon fast wohnlich aus.

Anstatt auf graue Straßen und Gebäude blicken wir nun auf magische Sonnenaufgänge und genießen den Blick über neblige Wiesen und Felder.

Der neue Arbeitsplatz im Tiny House verbindet Recycling, Natur und moderne Technik. Das Beste aus allen Welten.

Die muckelige Wärme des Kamins, die vielen verschiedenen, fröhlichen Farben und liebevollen Details: Das Wohnzimmer in ganzer Pracht.

Ab, hoch und fertig: An vielen Stellen hat der ehemalige Bauwagen nun eine neue, hohe Decke erhalten. Von Einengung keine Spur.

Patchworkdecke an den Wänden aus. Die Holzplatte mit dem Miró-Bild habe ich auch einfach verbaut. Ich bin ja mehr der Caspar-David-Friedrich-Typ, aber so als Teil der Wand sieht es ziemlich lustig aus. Heute ist die Decke dran. Während Carsten auf dem Dach herumturnt und, so gut es geht, alles von außen abdichtet, schraube ich ein Gerüst aus Kanthölzern an die Decke, um dort anschließend die Jutematten hineinpressen und die Verkleidung anbringen zu können. In dem Werkstattchaos finde ich beim besten Willen die Leiter nicht mehr. Ah, da hinten steht eine alte Obstkiste. Dann eben so. Stück für Stück sammle ich mir die Hölzer in der einigermaßen richtigen Länge zusammen. Ich schnappe mir die Flex unserer Nachbarn. Unsere ist immer noch kaputt, und eine neue haben wir noch nicht gekauft. Statt einer Schutzbrille setze ich meine Sonnenbrille auf. Keine Ahnung, wo diese Schutzbrille schon wieder hin ist. Wie schaffen wir es nur immer, auf so kleinem Raum ein derartiges Chaos zu erzeugen? Kreatives Chaos, würde ich immerhin sagen. Mit der geliehenen Flex schneide ich die Nägel in den Kanthölzern ab. Überreste einer Dachbalkenkonstruktion. Mit der Zange wollte es einfach nicht klappen. Dann eben mit den schweren Geschützen. Zu Beginn unserer Baustelle hatte ich noch ziemlich viel Schiss vor dem Gerät. Sein Gewicht und die Wucht haben mir durchaus Respekt eingeflößt. Inzwischen benutze ich es ganz selbstverständlich und habe kein Problem mehr mit den sprühenden Funken und dem kreischenden Geräusch. Die Kreissäge und ich sind ohnehin schon per Du. Nur die Handfeile ist nach wie vor mein größter Feind. Auf den ersten Blick mag sie vielleicht harmlos erscheinen, aber das ist reine Tarnung. Die eine Seite der Feile ist relativ feinkörnig und damit in Ordnung.

Die andere hat biestige Zacken. Damit schafft man zwar ordentlich was weg, aber sobald man abrutscht, reißt sie einem die Hand auf. Nett. Am Anfang trugen Carsten und ich nicht mal Arbeitshandschuhe. Später dann doch. Die Feile heißt bei uns nur noch »die Garstige«.

Es ist gar nicht so leicht, die ganze Zeit über Kopf zu arbeiten. Krampfhaft befestige ich die Kanthölzer an der Decke und balanciere die Juteisolierung und die Holzpaneele für die Verkleidung in der einen Hand, während ich in der anderen die Bohrmaschine halte. Ich würde ja gerne den leichteren Akkuschrauber dafür nehmen, aber der ist uns natürlich auch inzwischen abgeraucht. Jetzt muss für alles die Bohrmaschine herhalten. Mit leicht gekrümmtem Rücken stehe ich auf der wackeligen Obstkiste und versuche, mit meinem Kopf die Paneele an der Decke festzudrücken. Sieht extrem bescheuert aus. Garantiert. Jetzt reicht es! Ich rufe Carsten. Das ist definitiv ein Zwei-Menschen-Job. Ständig fällt mir irgendetwas herunter oder verrutscht. Ich stoße öfter Wutschreie aus als Schrauben festzuziehen. Den Rest der Decke isolieren und verkleiden wir gemeinsam. Draußen ist es schon wieder dunkel geworden. Die Tage gehen immer schneller dahin, und ich schaffe nie alles, was ich mir vornehme. Vielleicht sollte ich meine Ansprüche und mein Tagesziel herunterschrauben. Schade nur, dass ich dafür nicht der Typ bin. Erst mal groß träumen. Nachher runterjustieren geht immer noch. Mein Plan für morgen: den Parkettboden im Wohnzimmer verlegen. Carsten will die Außenhülle des Wagens noch weiter abdichten. Im zweiten Raum, der später Küche und Badezimmer werden soll, hat er nämlich auch das Dach aufgerissen. Er war mal wieder ein paar Tage alleine. Irgendwann habe ich mich schon gar nicht mehr getraut wegzufahren, aus Angst, was er als Nächstes anstellt. Während das Wohnzimmer schon langsam Form annimmt, ist die Küche noch totales Kriegsgebiet. Nichts ist abgedichtet, die Wände sind offen, das Dach hat Carsten vollkommen abgetrennt und ein Holzgestell darauf errichtet, welches später als Boden für das darauf entstehende Loft dienen soll. Darüber liegt eine Plane, um den gröbsten Regen abzuhalten. Dämmung? Verkleidung? Einrichtung oder überhaupt das Badezimmer, das wir noch einziehen wollen? Davon sind wir noch meilenweit entfernt. Ich frage Carsten, ob wir mit dem Loftbau nicht lieber bis zum Frühjahr hätten warten sollen. Schließlich wäre es vielleicht wichtiger, erst mal den Rest unten fertig abzudichten, bevor wir einen komplett neuen Raum darauf bauen.»Wenn wir es jetzt nicht gleich bauen, machen wir es womöglich nie«, entgegnet er nur. Ich will erst widersprechen. Wer sagt denn das? Nach dem Winter könnten wir das doch in Angriff nehmen, wenn sich die Witterungsbedingungen etwas verbessern. Einfach, wenn die Sonne wieder lacht und die Vögel zwitschern. Dann gehe ich aber noch mal kurz in mich. Vielleicht hat er ja recht. Wenn wir den Rest erst mal fertig hätten und dann das Dach noch mal neu aufsägen müssten – hätten wir dazu noch Lust? Oder würden wir uns dann einfach zufriedengeben und auf das Schlafloft verzichten? Auf diese kuschelige Höhle, die ich mir so schön vorgestellt habe? Meh. Also dann, bauen wir eben auch noch das Loft auf. Über eine lange Holzleiter schaffen wir von außen dicke Holzbalken auf das Dach und schrauben diese zu einem Gerüst zusammen. Die Konstruktion ist ein wenig tricky. Wir wollen ja unser Haus auf Rädern auch mal versetzen können, wenn unser innerer Nomadengeist wieder erwacht. Dafür darf es aber nicht mehr als vier Meter hoch sein, laut deutscher Straßenverkehrsordnung. Mit dem Loft liegen wir allerdings deutlich darüber. Also plant Carsten eine modulare Bauweise. Die Idee ist, die Wände einzeln abnehmen und einklappen zu können und darauf das Dach herunterzulassen. Wir zeichnen keinen genauen Bauplan. Stattdessen läuft alles in Carstens Kopf ab. Wo welche Elemente verschraubt sein können und welche Schrauben zugänglich bleiben müssen, um sie später für die Demontage leicht zu finden. Zu Beginn des Winters ist das Loft noch längst kein fertiges Schlafzimmer. Lediglich ein karges Gestell aus alten Balken und einem groben Dach aus der alten Metallhülle. Die Plane werfen wir einfach darüber und beschweren sie mit Steinen gegen den Wind. Das muss reichen. Zumindest vorerst.

Noch eine Woche bis zum Stichtag. So langsam kommen wir mit unserem Zeitplan ins Schwitzen. Um meinem teuflischen Widersacher, der Kälte, ein Schnippchen zu schlagen, begebe ich mich an den Aufbau der Kaminecke. Da wir nicht viel Platz haben, baue ich ein altes Ikea-Regal zu einer Aufbewahrung für Holz um. Darauf soll der Kamin später stehen. Ich schneide eine alte Metallplatte zurecht und hämmere sie auf das Regal. Den Rest sprühe ich mit einem hitzebeständigen Lack ein. An der Wand bringe ich Steinfliesen an, damit die Holzverkleidung nicht irgendwann auf die Idee kommt, zu überhitzen und Feuer zu fangen. Gemeinsam hieven wir den kleinen Werkstattofen auf das Regal unter die Wanddurchführung für das Ofenrohr. Nur vier Kilowatt Leistung hat der kleine. Für unser Tiny House ist es allerdings vollkommen ausreichend. Zumindest habe ich das in ein paar Blogs gelesen. Die nächsten Monate werden zeigen, ob es auch wirklich stimmt. Die alten Rohre haben auch schon bessere Zeiten gesehen. Ich bürste den oberflächlichen Rost ab und besprühe sie auch noch mit silbernem Lack. Ein bisschen nett aussehen darf es ja auch. Endlich können wir die Rohre durch die Öffnung stecken und an den Kamin anschließen. Zeit für einen Testlauf. Als Stadtkind, das in seinem Leben immer nur in Mietwohnungen gelebt hat, ist es für mich eine neue Erfahrung, so einen Kamin überhaupt in Betrieb zu nehmen, geschweige denn, selbst einen eigenen anzuschließen. Altes Holz haben wir reichlich hier rumliegen. Ich säge es auf die passende Größe zurecht und stopfe ein paar Scheite in die Luke. Noch ein bisschen Zeitungspapier zum Anzünden, und ab geht die Post. Es klappt! Das Feuer fängt fröhlich an zu lodern, und der Rauch zieht nach draußen über die Rohre ab. Wir stehen beide vor dem Ofen und wärmen unsere Hände. Was für ein schönes Gefühl. Es geht doch nichts über die Wärme eines Feuers. Später lassen wir Axel vom Bauwagen nebenan auch noch einen Blick auf unsere Konstruktion werfen. Er hat jahrelang beruflich Kamine installiert, und ich fühle mich einfach wohler, wenn ein erfahrener Mensch alles absegnet. So ein Kamin entwickelt schließlich eine enorme Hitze.

So richtig lauschig werden will es in dem Raum um uns herum allerdings noch nicht. Das ist auch nicht wirklich verwunderlich. Immerhin ist der untere Bereich in der zukünftigen Küche nach wie vor weder gedämmt noch vollständig an den Wänden verschlossen. Die Wärme zieht direkt nach draußen. Wir werden es nicht mehr schaffen, diesen Bereich bis zum Stichtag fertigzustellen. Das ist inzwischen sicher. Also tun wir das Nächstbeste: Wir verrammeln die Durchgangstür mit einem Brett, auf das wir eine Armaflex-Isolierung kleben. Davon haben wir noch einen Rest vom Ausbau des Bullis. Jetzt stehen wir hier, in diesem vielleicht zehn Quadratmeter großen Raum. Bereits nächste Woche wird das unser einziges Zuhause zu sein. Hier werden wir schlafen, und hier werde ich arbeiten, bis wir den Rest des Tiny Houses fertiggestellt haben. Der Raum ist noch ziemlich rudimentär. So was wie Zierleisten, saubere Abschlüsse an den Fenstern, eine nette Wandgestaltung, das alles muss warten. Hauptsache trocken und dicht, lautet die Devise. Nur die notwendigste Einrichtung für die nächsten Wochen bringen wir in dem kleinen Raum unter. An der einen Seite bauen wir den Tresen aus Europaletten ein, den wir schon in unserer Wohnung hatten. Hinten stellen wir noch einen kleinen Kleiderschrank rein, bei dem wir die Türen abmontieren. Wir würden sie ohnehin nicht aufbekommen, da das Bett direkt davor steht und keinen weiteren Spielraum zulässt. Über den Schrank werfe ich einfach eine Decke mit einem großen Schwein darauf als kleinen Sichtschutz. Damit ist der Raum gefüllt. Eine kleine Kühltasche dient uns als provisorischer Kühlschrank, damit wir zumindest die Milch für den Kaffee, ein bisschen Käse und andere Dinge für das Frühstück lagern können.

Die Zeit ist gekommen, unseren bisherigen Haushalt in der Stadt aufzulösen. Inzwischen haben wir viel verkauft oder verschenkt. Das macht diesen Umzug für uns eigentlich so entspannt wie noch nie. Wir mieten einen Sprinter für die sperrigeren Möbelstücke, wie Sessel, Kühlschrank und Esstisch, und zusammen mit dem Bulli eines Freundes bugsieren wir unser verbliebenes Hab und Gut auf den Bauernhof. Selbst die Küche aus der Wohnung bauen wir ab und nehmen sie mit. Wir haben sie damals beim Einzug vom Vormieter übernommen, und ich habe viel Energie hineingesteckt, um die Fronten vom ursprünglichen Beige-Altrosa-Irgendwas-Ton in ein fröhliches Blau umzulackieren. Wenn wir schon recyceln, warum dann nicht auch gleich unsere eigene Einrichtung? Wir würden sicher nicht die gesamte Kücheneinrichtung wieder einbauen können, aber vielleicht zu einem kleinen Teil. Also eingepackt. Im Bauwagen selber ist absolut noch kein Platz für irgendwelche Einrichtungsgegenstände. Die bisher trockenen zehn Quadratmeter sind schon mehr als voll. Auf dem Grundstück steht allerdings der kleine, alte Ponystall. Der muss genügen. Kartons, Küche, Regale, Kommode, Kühlschrank, Geschirr – alles wandert erst mal in die alte Bretterbude. Als alles raus ist, streiche ich die Wohnung. Ich hatte mich schon der Hoffnung hingegeben, dass mir das diesmal erspart bleibt. Alle meine Freunde hatten mir davon erzählt, dass es keine Renovierungspflicht mehr gäbe. Kein Streichen mehr beim Auszug. Juhuu! Unser Hauswart sah das anders. Und leider sind unsere Wände nicht weiß, sondern in den unterschiedlichsten Blautönen gestrichen. Also heißt es doch wieder streichen. Ich tröste mich mit der Vorstellung, dass ich so schnell nicht wieder Energie und Zeit in eine Mietwohnung stecken muss. Wir sind ja jetzt schließlich Eigenheimbesitzer. Und unser Eigenheim kann einfach mit uns kommen, wo immer es uns hinzieht.

Wir verbringen eine letzte Nacht in unserer Stadtwohnung auf den Klappmatratzen aus unserem Bulli. Der Wecker klingelt. Ich habe ihn etwas früher gestellt, damit ich vor der Übergabe noch einmal durch die Wohnung wischen kann. Es klingelt an der Tür. Vor uns stehen die neue Mieterin und ihre verbissen dreinblickende Mutter. O Mann, das kann ja heiter werden. Wir lassen sie schon mal herein und warten noch ein paar Minuten auf den Hauswart. Auch er trudelt ein, mit seinem klugen Klemmbrett und seiner Checkliste. Die Mama läuft schon mal zu Höchstform auf. Also die Wände seien ja nicht gut gestrichen, und die Decken gar nicht, das sähe man ja. Der Hauswart erklärt, dass wir keine fünf Jahre in der Wohnung gewohnt hätten und daher die Decke nicht streichen müssten. Die Dame blickt wenig überzeugt drein. Und warum die Wände in der Küche so komisch aussähen? Na, weil ich die Küche da ausgebaut habe und dabei die olle Raufasertapete stellenweise abgerissen ist vielleicht? Schon bei der Wohnungsbesichtigung sprach die Tochter davon, wie wichtig es ihr sei, ihre eigene Küche hier einbauen zu können. Die Wände sind doch dann ohnehin nicht mehr sichtbar. Aber man kann sich ja mal aufregen. Innerlich zähle ich bis zehn und freue mich auf den Zeitpunkt, wenn wir die Wohnung endlich verlassen können. Aber Moment! Was ist das? Der Hauswart öffnet ein Fenster und streicht mit dem Finger am inneren Rahmen entlang. Es fehlt eigentlich nur noch der weiße Handschuh. Also den Fensterrahmen hätten wir aber nicht ordentlich geputzt, sagt er und blickt uns rügend an. Mir klappt die Kinnlade runter. Echt jetzt? Wir wohnen hier an einer Hauptverkehrsstraße mit mehr oder weniger Dauerbaustelle. Wenn wir die Fenster geputzt haben, sahen die nach einer Woche wieder genauso eingesaut aus wie vorher. Das Gleiche gilt für die Rahmen. Wir ziehen hier aus! Die fröhliche Nachmieterin kann gerne nach ihrem Umzug putzen, was immer ihr Herz beliebt. Er fragt die neue Mieterin, ob das für sie dennoch in Ordnung sei. Mit leicht zusammengekniffenem Kiefer nickt sie. Oh, welche Kulanz. Endlich scheint alles mehr oder weniger zur Zufriedenheit zu sein. Wir unterzeichnen das Abnahmeformular, stoßen noch ein kurzes Tschüss aus und verschwinden. Mir kommt wieder der Gedanke, dass ich so eine Wohnungsübergabe so schnell nicht wieder machen muss. In unserer neuen Wohnung kann ich so viele Löcher in die Wände machen, wie ich will, und sie in allen Farben des Regenbogens anstreichen. Keiner kann mich zwingen, alles wieder rückzubauen. Es ist allein meine Entscheidung. Na gut, vielleicht auch noch ein bisschen die von Carsten. Als ich aus dem Haus heraustrete, merke ich, wie eine Last von mir abfällt. Auch bei weniger Besitz ist ein Umzug immer ein gehöriger Batzen an Stress und Arbeit. Dieser Moment, diesen großen Haken auf der inneren Liste machen zu können ist eine unglaubliche Erleichterung. Ein klein wenig will ich noch den Luxus der Stadt genießen, und wir marschieren für ein entspanntes Frühstück in ein Café. Hier sitzen wir erst mal bei Franzbrötchen und Kaffee, lästern über Mutter und Tochter, lassen uns die Herbstsonne auf die Nasen scheinen und genießen diesen Moment der Ruhe. Das Ende eines Kapitels in unserem Leben und gleichzeitig der aufregende Beginn eines neuen.

Mit Klappmatratzen, Putzmitteln und zwei Reisetaschen, den letzten Dingen aus unserer alten Wohnung, schmeißen wir uns in unseren Bulli und fahren nach Hause. Denn das ist es jetzt. Nicht mehr das künftige Zuhause oder die Baustelle. Es ist unser Zuhause, mit all seinen unfertigen Wänden, undichten Dächern und der fehlenden Wasserversorgung. Bis wir ankommen, ist es bereits später Nachmittag, und wir beschließen, heute nicht mehr weiterzubauen. Stattdessen beziehe ich das Bett, während Carsten draußen altes Holz einsammelt und schon mal den Kamin anwirft. Der kleine, verrammelte Raum füllt sich langsam mit einer wohligen Wärme. Ich schnappe mir meinen Laptop und suche uns einen Film zum Streamen heraus. Internet haben wir ja, alles wie früher. Nach dem Stress der letzten Monate brauche ich jetzt etwas fürs Herz. Ich wähle den Film »Frozen«. Passt doch eigentlich ganz gut. Eine Schneekönigin, die überhaupt kein Problem mit Kälte hat und einfach ihr Ding macht. Es geht etwas schneller bei ihr mit dem Bau des eigenen Eispalastes, aber die schummelt ja auch mit Zauberkram, und außerdem hat sie bestimmt keine kaputte Flex. Dazu köpfen wir eine Flasche Wein, beäugen uns mit leicht ungläubigen Blicken und stoßen an. Wir haben es wirklich getan! So viele Monate waren wir unsicher, wussten nicht, wie es weitergehen soll, wohin wir wollen, was wir wollen. Eine so lange Zeit haben wir mit einer wirklichen Entscheidung gehadert. Jetzt sitzen wir hier. In unserem Eigenheim. Auf dem Lande zwischen Bäumen, Bauernhof und Feld. Ich weiß, dass wir noch einen ordentlich steinigen Weg vor uns haben, bis unser Tiny House wirklich fertig ist. Aber das ist jetzt egal. Wir packen das schon. Es ist warm, es ist gemütlich, ich sitze mit meinem Lieblingsmensch bei einem Glas Wein zusammen und feiere unseren Mut, unsere Entscheidung und unser Durchhaltevermögen. Ich zelebriere auch, dass wir uns nicht mit der Zeit in reiner Theorie und bloßem Reden verloren haben. Stattdessen haben wir gehandelt. Wir haben uns nicht von den Meinungen anderer beeinflussen lassen, die mit dem Wort »unmöglich« viel zu inflationär umgehen. Unser Leben gehört wieder uns, und es fühlt sich gut an. Wir sehen noch gemeinsam den Film an und schlafen danach bei knisterndem Kamin ein. Unsere erste Nacht im neuen Zuhause.

Und auf einmal ist da eine Küche

 Es ist Dezember, und wir leben noch. Unser Wohnraum hat sich von gut fünfzig Quadratmetern Klinkerwürfel auf etwa zehn Quadratmeter bereifte Holzhütte verringert. Egal, wo ich in dem kleinen Raum hinwill, ich muss immer zuerst über das Bett steigen, das nahezu die ganze Fläche vereinnahmt. Ich muss gestehen, dass ich damit so rein gar kein Problem habe. Als ich noch ein Kind war, habe ich so ziemlich alles im Bett gemacht, von Lesen über Lernen bis hin zu Essen und Spielen. Das führte zwar immer mal zu Krümeln im Bett, aber den Komfort war es mir wert. Wieso sollte ich mich auch an einen unbequemen Schreibtisch oder auf den Boden setzen, wenn ich mich auch auf eine gemütliche Matratze kuscheln kann? Noch heute sind Schreibtische für mich eher eine geduldete Notwendigkeit im Büro als ein angenehmer Arbeitsplatz. Die ersten Wochen vom Home Office aus im Bett zu arbeiten ist für mich eine schöne Abwechslung und keine Notlösung. Da das Leben nun aber bekanntermaßen nicht nur aus Arbeiten besteht, oder es zumindest nicht sollte, sondern noch

ein paar andere Kleinigkeiten mit sich bringt, bin ich trotzdem schon ganz heiß darauf, den Rest unserer Behausung in den Stand eines gemütlichen Heims zu erheben. Das bedeutet, nun den zweiten Teil der unteren Etage in Angriff zu nehmen. Küche mit integriertem Badezimmer. Mal etwas kochen zu können, wenn mich der Drang danach packt, oder ein eigenes Indoor-Klo zu haben, möchte ich mir dann doch als kleinen Luxus gönnen. Momentan ist der Raum eine vollkommen chaotische Baustelle. Es liegen Werkzeuge herum, abgesägte Reste von Hölzern, Späne, Schrauben, Reste der Dämmung aus dem Wohnzimmer. In der Mitte des Raumes steht ein großer Tisch aus OSB-Platten, den wir natürlich getrüffelt haben. Ich dachte mir: Das ist doch super, erst nutzen wir den als Werkbank, danach schrauben wir ihn auseinander und verbauen ihn. Im Grunde ist alles immer noch im Rohzustand, nur noch schlimmer, weil Carsten die Decke ja auch noch mal versetzt und damit neue Löcher geschaffen hat. Ich stehe im Raum und versuche, mir einen Überblick zu verschaffen. Okay, gleiches Vorgehen wie zuvor. Ich messe grob, wie viel Meter Kanthölzer und Bretter ich in etwa brauchen werde, um alles zu verkleiden. Mit dem Zollstock spaziere ich über den Hof zum Schleppdach der Scheune, unter dem unser privater Baumarkt vorläufig sein Zuhause gefunden hat. Da ich mit dem arbeiten muss, was da ist, sammle ich mir ein paar gut aussehende Holzplatten und Kanthölzer zusammen. Das Gerüst aus Kanthölzern bringe ich nicht gleichmäßig an, sondern schaue vorher, welches Brett an welche Stelle kommt. Dadurch weiß ich, wie groß die Abstände der einzelnen Kanthölzer sein müssen, damit ich anschließend die Holzplatten über der Dämmung daran verschrauben kann. So puzzle ich mich Stück für Stück an der Wand entlang. Immer wieder prüfend: Welches Teil passt am besten an diese Stelle? Wo habe ich den wenigsten Verschnitt? Welche Dicke ist hier sinnvoll? Soll hier später mal ein Regal hängen, und brauche ich daher mehr Stabilität? Obwohl wir keinen detaillierten Bauplan gezeichnet haben, toben wir auch nicht einfach wild drauflos. Bei jedem Arbeitsschritt haben wir das erhoffte Endergebnis im Hinterkopf.

Da die Materialien nicht frisch aus dem Baumarkt sind, sondern bereits ein erstes Leben, wie in einem Dachstuhl, hinter sich haben, benötigen sie etwas Feinschliff. Ich entferne Nägel und Schrauben so gut es geht mit Hammer, Zange, Bohrmaschine und Flex. Inzwischen haben wir uns tatsächlich eine neue gekauft, da ich nicht jeden Tag die der Nachbarn in Beschlag nehmen wollte. Neulich las ich von einer digitalen Nachbarschaftsplattform, bei der man sich Werkzeug vom Nachbarn leihen kann. Nach dem Motto: Wir kennen unsere Nachbarn in der Stadt nicht mehr und tun uns schwer, einfach an ihrer Tür zu klopfen, um etwas von ihnen zu leihen, daher machen wir das über das Internet. Eine schöne Idee bei einer eigentlich traurigen Entwicklung. Aber so verlängert sich wenigstens die durchschnittliche Nutzungszeit einer Bohrmaschine, die einer Statistik zufolge angeblich bei nur dreizehn Minuten in ihrem kompletten Lebenszyklus liegt. In unserem Fall wird diese Statistik ein bisschen gesprengt, daher musste eine neue Flex her, und bisher ist der Motor noch nicht abgebrannt.

Alle Holzbalken, die nachher sichtbar sein sollen, bekommen nach der Entfernung der Nägel noch eine extra Portion Liebe. Jedes einzelne Teil schleife ich sorgfältig per Hand mit der Garstigen und Schleifpapier oder mit dem

Bandschleifer ab, damit darunter wieder die schöne Holzstruktur zum Vorschein kommt. Der Bandschleifer wird ohnehin zu einem unserer wichtigsten Werkzeuge. Auf den ersten Blick sehen viele unserer Baumaterialien schäbig aus. Verdreckt, oberflächlich verwittert, eigentlich nicht mehr für den Hausbau zu gebrauchen. Beim Abschleifen offenbart sich dann immer wieder die nach wie vor gute Substanz und eine schöne Optik. Es macht richtig Spaß, immer wieder das Beste herauszuholen.

Inzwischen habe ich alle Wände in der Küche gedämmt und verkleidet. Auch die Werkbank aus OSB-Platten habe ich einfach in der Wand verbaut. Wie im Wohnzimmer sieht hier erst mal alles nach Patchwork aus. Keine Wand gleicht der anderen, alles ist auf den ersten Blick ohne erkennbares System. Mir gefällt es. Es erinnert mich an die Baumhäuser der verlorenen Jungen aus Peter Pan. Schon als Kind fand ich diese Lebenswelt ausgesprochen erstrebenswert. Jetzt baue ich mir einfach mein eigenes Nimmerland-Idyll. Wieder gehe ich zu unserem Materiallager unter dem Vordach der Scheune und greife mir ein paar Parkettbohlen. Nach den ersten Erfahrungen mit dem Verlegen der Bohlen im Wohnzimmer gehe ich diesmal rabiater vor. Wir haben beim Ausbau des Parketts schon versucht, die einzelnen Bohlen so wenig wie möglich zu beschädigen. Dennoch ist es extrem schwer, Nut und Feder wieder so aneinanderzustecken, dass keine größere Lücke dazwischen entsteht, besonders wegen der Reste des Klebers daran. Ich denke mir: Ach, was soll's! Ich entscheide, wie ich das hier umsetze. Es kommt keiner und muss irgendwas abnehmen, es ist allein mein Bier, unser Häuschen. Kurzerhand schnappe ich mir die Stichsäge und entferne überall die Feder. Anstatt zu stecken, schraube ich die Parkettbohlen am Boden fest. Es ist wieder nur eine Kleinigkeit, aber ich genieße diese Freiheit beim Bau, alles selbst entscheiden zu können. Frei von der Leber weg zu experimentieren, ohne bürokratische Regeln und Vorschriften im Hinterkopf zu haben. Einfach nur nach eigenem Geschmack und gesundem Menschenverstand.

Beim Verlegen des Parketts achte ich darauf, den Bereich des späteren Badezimmers auszusparen. Ich habe schon mal mit Bleistift den Grundriss auf dem Boden entlang gezeichnet. Unsere getrüffelte Duschwanne und das spätere Kompostklo dienen als Gradmesser, wie groß das Bad in etwa werden soll. Wir entscheiden uns gegen ein zusätzliches Waschbecken und wollen nur eines in der Küche einbauen, um Platz zu sparen. Jetzt müssen noch die Wände her. So ein bisschen Privatsphäre beim täglichen Geschäft ist ja ganz nett. Auf das fertige Badezimmer freue ich mich auch ganz besonders. In den letzten Wochen und Monaten gehen wir immer in das Haupthaus des Hofs, um dort zu duschen und die Toilette zu benutzen. Je kälter es draußen wird, je öfter es regnet und je ungemütlicher es wird, desto mehr sehne ich mich nach einer eigenen Indoor-Variante für uns. Gleichzeitig staune ich darüber, wie ich Dinge auf einmal völlig neu bewerte. Ein Badezimmer zu haben, fließendes Wasser, all das war für mich nie ein Thema. Es war einfach ganz selbstverständlich da. Jetzt ist es das nicht mehr, und ich entwickle eine völlig neue Wertschätzung dafür. Es scheint zu stimmen, manche Dinge wissen wir erst zu schätzen, wenn sie nicht mehr da sind. Wie ein Klo. Damit sich das ändert, ziehe ich nun Wände für das Badezimmer ein. Auch hier schaue ich: Welche Leisten und Bretter habe ich noch? Wie kann ich die zu Wänden verbauen? Mit einem Gummihammer schlage ich Stützpfeiler zwischen Boden und Decke. Ich möchte, dass alles stramm sitzt, damit die Badezimmerwände gleichzeitig als Stabilisatoren für das obere Stockwerk, unser Loft, fungieren. Außerdem ist es auch eine geniale Übung, um Aggressionen abzubauen. Ordentlich mit dem Hammer gegen Holzbalken moschen. Yeah. Die Tür, die wir bei Adam getrüffelt haben, baue ich als Schiebetür ein. Alles eine Frage des Platzes. Unser Häuschen ist gerade mal knapp zweieinhalb Meter breit. Eine normale Schwingtür könnten wir an der Stelle des Badezimmers gar nicht richtig öffnen, und selbst wenn, wäre es sehr umständlich. Jetzt fehlt nur noch ein Griff. Durch Zufall habe ich vor Kurzem auf der Müllkippe eines anderen Bauernhofs ein altes, kleines Scheunentor gefunden. Mit einem schon leicht verrosteten Metallgriff. Der hat mir auf Anhieb gefallen. Werkzeug hatte ich keines dabei, also zerrte und zog ich, bis ich ihn irgendwann abbekam. Es war ein ungeplanter Trüffel. Mein Fundstück habe ich dann mit rotem Metalllack angesprüht, und jetzt kann das schöne Teil endlich seinen Platz an der gelben Tür einnehmen. Knuffig. Auch der kaputte Rahmen des Spiegels findet Verwendung. Die schwarzgold verzierten Leisten setze ich nach oben hin als dekorative Abschlussleisten ein – sieht richtig gut aus.

Vor dem nächsten Arbeitsschritt graust mir schon ein wenig. Ich hasse Spachteln. Ich finde es extrem schwer, eine Fläche so auszuspachteln, dass sie nachher schön gleichmäßig und eben ist. Vielleicht habe ich einfach nicht die Geduld dafür, oder ich war in einem früheren Leben Sanitärfachfrau und kann es einfach nicht mehr sehen. Aber es hilft alles nichts. Das Badezimmer soll ja nicht nur ein Klo haben. Es wird eine Nasszelle, in der wir später auch duschen wollen. Dafür haben wir Rigipsplatten gesammelt, die bei einem Hausbau übrig geblieben waren. Vorsichtig transportiere ich die Platten von der Scheune zu unserem Häuschen und lege sie draußen auf ein paar umgedrehte Eimer. Quasi als Werkbank. Umständlich vermesse ich den Duschbereich, immer mit dem Blick auf die Plattenreste, und überlege, wie ich alles zusammensetzen kann. Ich passe die Platten an und schiebe sie vorsichtig durch das inzwischen eingebaute Küchenfenster hinein. Der Gips bricht extrem schnell, und mehr als einmal muss ich weitere Stücke zurechtschneiden, weil beim Hereinreichen etwas abfällt. Nervig, aber notwendig. Endlich sind alle Plattenteile an den Wänden, wo später die Dusche sein wird. Nun muss ich mich mit meiner Nemesis auseinandersetzen. In einem alten Maurereimer rühre ich die Spachtelmasse an, um die Lücken zwischen den Platten zu füllen. Alles muss schnell passieren. Die Masse trocknet schon in wenigen Minuten und lässt sich dann nicht mehr ordentlich verteilen. Arbeiten unter Zeitdruck, das liebe ich ja. Gut, die Wände sind schon mal fertig. Fehlt noch die Decke. Wenigstens habe ich die kleine Trittleiter wiedergefunden und muss nicht mehr auf der Obstkiste mit meinen ganzen Spachtelwerkzeugen balancieren. Platsch. Natürlich. Über Kopf arbeiten wird in diesem Leben auch nicht mehr meine Lieblingsbeschäftigung. Andauernd fällt etwas von der Masse auf meinen Kopf, meine Arme und den Boden. Ich sehe aus, als hätten sich ein paar Tauben einen Spaß mit mir gemacht. Ich kratze noch das letzte bisschen Spachtelmasse aus dem Eimer und schmiere es in eine kleine Lücke an der Decke. So. Jetzt erst mal trocknen lassen.

Was steht als Nächstes an? Ach ja, die Treppe zum Loft. Selbst da hatten wir wahnsinniges Trüffelglück. Vor einer

Weile verschenkte tatsächlich jemand eine komplett funktionstüchtige Dachbodentreppe aus Holz. Diese Dinger, bei denen man mit einem Haken am Stab die Verriegelung öffnet und die Treppe dann wie bei einer Ziehharmonika auszieht. Als ich das sah, war ich sofort angefixt. Wenn wir zum Kochen mal etwas mehr Platz in der Küche bräuchten, könnten wir die Treppe einfach hochklappen, und fertig. Megapraktisch, absolut Tiny-House-kompatibel. Jetzt steht sie hier und wartet darauf, eingebaut zu werden. Gemeinsam schrauben Carsten und ich die Treppe in das vorgefertigte Loch an der Decke. Scheint zu halten. Oh, aber die Treppe ist viel zu lang! Ist ja klar, die Deckenhöhe bei uns entspricht nicht gerade dem normalen Wohnungsstandard. Macht aber nichts, wofür haben wir denn die Säge. Kurzerhand schneiden wir einfach den unteren Teil der Treppe ab, und voilà, schon passt es. Ganz nach dem Motto: Was nicht passt, wird passend gemacht. So richtig hübsch sieht das alte, siffige Weiß der Klappe allerdings nicht aus, wenn sie geschlossen ist. Was für ein Glück, dass wir bei der Auflösung des Fotostudios so viele angebrochene Holzlacke mitgenommen haben. Damit sollte sich das Ganze doch verschönern lassen. Ich schnappe mir Pinsel und Lackrolle. Eine der Farbdosen ist schon so gut wie aufgebraucht, das Blau sieht aber nicht schlecht aus. In dem Haufen aus anderen Lacken finde ich noch einen Ton, der so ähnlich ist, und mische einfach beide zusammen. Jetzt reicht es für die Luke der Treppe.

Leicht seufzend schiebe ich die Tür zum Badezimmer auf. Mein wildes Gespachtel ist inzwischen getrocknet, und ich sollte wohl besser mal mit einem Stück Schleifpapier die gröbsten Unebenheiten wegschmirgeln. Unter vorsichtigen kreisenden Bewegungen wirble ich langsam immer mehr Gipsstaub auf. Nach zehn Minuten sehe ich aus, als wäre mir eine Packung Mehl runtergefallen. Ist bestimmt gut für die Haut. Naturmaske. Heute Abend werde ich definitiv mal unter die Dusche springen, irgendwann ist auch meine Schmerzgrenze erreicht. Mit dem Staubsauger entferne ich den feinen Staub von Boden und Wänden, damit ich die Rigipsplatten mit einer Latexfarbe überstreichen kann. Es soll ja auch wasserabweisend werden. Eigentlich hatte ich erst überlegt, den Duschbereich zu fliesen. Auf Bildern von anderen Tiny Houses sah das immer so schön aus. Vielleicht sogar so kleine Mosaikfliesen. Echt schick. Nach einer Weile habe ich die Suche nach passenden, zu verschenkenden Fliesen allerdings aufgegeben. So etwas richtig Cooles war einfach nicht dabei. Ehrlich gesagt, bin ich auch ein bisschen froh darüber. Es sieht zwar hübsch aus, ist aber auch etwas schwierig bei der Verarbeitung. Das habe ich schon gemerkt, als ich die Steinfliesen an der Wand hinter dem Kamin anbrachte. Anscheinend ist das auch etwas, bei dem mir ein wenig die Geduld fehlt. Die Latexfarbe hatte ich ohnehin noch aus unserer alten Wohnung übrig. Die dortige Küche war nämlich komplett mit Raufasertapete eingekleistert. Das ist für am Waschbecken oder an der Wand hinter dem Herd natürlich eine extrem weise Entscheidung. Hut ab vor den Planern! Gibt es eigentlich eine Art Raufasertapeten-Mafia in Deutschland? Anders kann ich mir nicht erklären, wie diese stoppeligen Lappen immer wieder an den Wänden aller Wohnungen auftauchen. Soll das schön sein? Na ja, über Geschmack lässt sich bekanntlich streiten. Die abwischbare, weiße Latexfarbe jedenfalls ist die einfachste Lösung gewesen, um nicht nach zwei Wochen alles komplett mit Tomatensoße eingesaut zu haben. Jetzt reicht der

Rest gerade noch, um die Dusche zu beglücken. Weil Farbakzente aber nicht fehlen sollen, nehme ich mir alle kleinen Steinchen und Glasstücke, die ich über die Jahre so angesammelt habe. Daraus bastle ich noch eine Mosaikumrandung für den Rigipsteil. Na also, das sieht doch auch nach was aus, auch ohne Fliesen. Damit steht die Basis des Raumes. Nur das Klo und die eigentliche Dusche fehlen noch. Sind die wichtig? Okay, vielleicht ein bisschen. Da wir nicht mehr Wasser verbrauchen wollen als notwendig, soll es eine Komposttoilette werden. Ein wenig eigenwillig ist es ja schon, dass wir hierzulande immer Trinkwasser mit unseren Hinterlassenschaften verunreinigen. Das muss doch auch besser gehen. Erst spielen wir mit der Überlegung, eine Toilette selbst zu bauen. So schwer ist das eigentlich nicht, und es gibt genügend Anleitungen auf YouTube. Die Überlegung wird uns allerdings abgenommen. Carstens Onkel und Tante kommen uns während der Bauphase besuchen und offenbaren uns, dass sie unser Vorhaben gerne unterstützen möchten. Nachdem wir bereits monatelang ununterbrochen arbeiten, werde ich schwach, und wir lassen uns von ihnen eine fertige Komposttoilette kaufen. Ja, es entspricht nicht dem Grundgedanken des DIY oder des Recyclings. Wir haben auch immer mal wieder einzelne Komponenten neu gekauft. Wie die Jutedämmung, Teerpappe für das Dach, Schrauben oder auch Band- und Winkelschleifer, nachdem uns die ersten gebrauchten Geräte abgeraucht sind. Hier kommt aber das Thema Dogma ins Spiel. Bei allem, was wir tun, versuchen wir, nicht zu einhundert Prozent in das eine oder andere Dogma abzudriften. In erster Linie wollen wir unser Leben genießen und Spaß dabei haben. Wir achten zwar darauf, die für uns wichtigen sozialen und ökologischen Ideale zu vertreten, aber nicht bis hin zur Selbstgeißelung. Ich gehe auch schon mal zu McDonald's. So, jetzt habe ich es gesagt. Das Kompostklo nach der langen Bauzeit einfach aufwandslos kaufen zu können ist definitiv eine Wohltat, das kann ich nicht leugnen. Im Nullkommanichts bohren wir ein Loch in die Wand des Wagens für das Lüftungsrohr und schließen es an. Ich glaube, ich habe noch nie so selbstzufrieden auf einem Klo gesessen wie beim ersten Testlauf. So viel zu den Dingen, die wir erst zu schätzen wissen, wenn man sie mal missen musste.

Den Bau des Showerloops für die Dusche schieben wir erst einmal noch auf die lange Bank. Es gibt genug andere Baustellen, wie das Einfärben der Küchenwände. Ich war noch nie der Typ für weiße Wände. Ich kann es gar nicht bunt genug haben, und das lebe ich aus. Als ich für die Übergabe über die schönen, bunten Wände unserer Hamburger Wohnung ein schnödes Weiß streichen musste, blutete mir das Herz. Vor allem, weil ich endlich einen Farbton gefunden hatte, der mir richtig gut gefiel. Jetzt hole ich mir meine Farbe wieder zurück, ha! Hellblau, Gelb, Dunkelblau, Bordeaux – ich sammle alles ein, was ich in unserem Lager finden kann, und träume schon davon, wie die Farbvielfalt später in unseren kleinen Räumen wirken wird. Dann lege ich in der Küche los. Der nette Nebeneffekt der Wandfarbe: Die verschiedenen Holzbretter und Paneele, aus denen ich die Wände zusammengebastelt habe, wirken mit einer Schicht Farbe gleich viel einheitlicher. Es ist immer noch nicht mit einer normalen Betonwand zu vergleichen, Gott sei Dank, aber jetzt sieht es nach Absicht aus. Manche Wandstellen mit besonders schönen Holzlatten spare ich aus, damit das natürliche

Holz wirken kann. Hier kommt einfach eine Schicht transparenter Lasur drauf. Das Wechselspiel aus bunten und naturbelassenen Holzwänden macht den Raum irre interessant. Im Gegensatz zu Wohnungen, in denen dieser Effekt gern mit einer Motivtapete erzeugt wird, ist hier in unserem Häuschen alles echt. Stolz wie Oskar stehe ich in der Mitte des Raumes und sehe mir mein Werk an. Ständig stelle ich fest, dass ich in den letzten Wochen fast täglich eine wahnsinnige Befriedigung empfinde. Zwar arbeiten wir jeden Tag bis zum Umfallen, gönnen uns keine freie Zeit und leben auf nur zehn Quadratmetern, dennoch erzeugt jeder fertige Arbeitsschritt ein wohliges, positives Gefühl. Alles selbst gemacht. Das ist die Anstrengung und Einschränkung auf jeden Fall wert.

Endlich ist der Tag gekommen, den zehn Quadratmetern Adieu zu sagen. Die Küche ist fertig isoliert, und für die Einrichtung vorbereitet, genau wie das Bad. Fast schon feierlich schraube ich das Brett ab, mit dem wir die letzten Wochen das Wohnzimmer, in dem wir noch schlafen, verrammelt hatten. Es öffnet sich. Wow. Auf einmal verdoppelt sich unser Wohnraum auf fast zwanzig Quadratmeter. Für eine normale Wohnung immer noch ein Witz. Für uns fühlt es sich riesig an. Wir führen erst mal einen Whooopwhooop-Siegestanz auf. Wieder eine Etappe geschafft. Geil. Glücklicherweise ist es schon Abend. Für uns bedeutet das: Arbeitsstopp, die Partyplaylist auf Spotify an und Prost! Ich gebe zu, wir haben während der Bauzeit durchaus einen markanten Alkoholverbrauch. Aber ehrlich, nach einem harten Tag mit stundenlanger körperlicher und auch kreativer Arbeit, ist so ein Bier oder ein Glas Wein wirklich wie eine Belohnung. Außerdem wärmt das ja auch, so von innen, gegen die Winterkälte. Ähem.

Der nächste Morgen. Endlich kann ich ein paar der zwischengelagerten Möbel und Utensilien aus dem alten Ponystall holen. Mal sehen, wie viel unserer alten Kücheneinrichtung ich unterbekomme. Die Hängeschränke passen schon mal nicht. Da die Deckenhöhe nun niedriger ausfällt, können wir sie nicht hoch genug anbringen, sodass noch ausreichend Platz zwischen Schrank und unterer Ablage wäre. Na gut. Dann eben nicht. Was haben wir denn da noch? Ah, Carstens kleine, alte Hängeschränke, die er schon seit Kindertagen hat. In der Vergangenheit sind sie immer wieder mit uns umgezogen, und ich habe sie inzwischen bestimmt schon zweimal neu lackiert. Kurz mal den Zollstock angehalten, jo, passt. Ihr werdet unsere neuen Küchenschränke. Einen nach dem anderen trage ich aus dem Ponystall hinein in unser immer kuscheliger werdendes Tiny House. Ich finde, inzwischen kann man es schon fast so nennen, auch wenn das Loft noch nicht fertig ist. Ah, Vorsicht beim Anbringen! Ich darf nicht vergessen, noch genug Platz für den Kühlschrank neben den Hängeschränken auf der linken Seite der Küchenzeile zu lassen. Auf dem Boden haben wir einfach nicht genug Raum für das große Gerät, wenn Herd und Schubladen noch hinpassen sollen. Stattdessen baue ich ein schwebendes Regal für den Kühlschrank und Carsten und ich bugsieren ihn darauf. Jetzt hängt er zwar ziemlich hoch, und ich als alter Erdnuckel muss mir eine kleine Leiter besorgen, wenn ich an das oberste Fach heranwill, aber so ist das nun mal in unserem Tiny House. Dafür sieht es wirklich lustig aus, wie der Kühlschrankbrummer hoch, oben auf seinem Regal thront. Direkt unter den Kühlschrank kommen der Schubladenschrank mit Ablage aus unserer alten Hamburger Küche und daneben der Herd.

Bis zur Wand sind noch ein paar Zentimeter Lücke. Ich säge ein Brett zurecht, um die Ablage zu verlängern, und baue darunter eine Konstruktion mit Türchen, hinter der ich den Mülleimer verstauen kann. Für die Tür bastle ich einfach einen Holzrahmen, den ich mit Stoff überspanne. Einfach, aber effizient und natürlich bunt. So, wie ich es gerne mag. In die hinterste Ecke neben das Badezimmer passt genau der Spülschrank rein. Das haben wir vor dem Bau schon ausgemessen, und die Größe des Badezimmers auch daran angepasst. Über dem Spülschrank ist noch Luft für zwei Regale und einen weiteren Hängeschrank. So langsam füllt sich die Küche. Es ist ein bisschen verrückt. Eine ähnliche Einrichtung hatten wir in der Küche unserer alten Wohnung. So wirkt alles gleich vertraut und gleichzeitig völlig anders.

Ein bisschen Zeit habe ich noch. Ich nehme mir die ersten Umzugskartons aus dem Stall und fange an, das Geschirr einzuräumen. Nach dem letzten Karton stelle ich fest: Der Platz reicht. Wie kann das eigentlich sein? In der alten Küche hatte ich einige zusätzliche Schränke und Regale, alle bis oben hin voll. Das Ausmisten und Reduzieren auf das Wesentliche hat seinen Zweck erfüllt. Ich sehe mich um und habe nicht das Gefühl, dass mir irgendwelche wichtigen oder schönen Sachen fehlen. Alles, was ich brauche, ist da. Selbst ein bisschen Nippes für die Seele. Zufrieden lasse ich mich auf die kleine Sitzbank mit dem Polster aus dem abgebauten Fotostudio fallen und mich von dem Gefühl umarmen, endlich wieder eine richtige Küche zu haben. Also so fast. Stromkabel und Steckdosen fehlen noch. Wasser auch. Aber jetzt lassen wir mal die Kirche im Dorf. Morgen ist ja auch noch ein Tag.

Belastungsprobe oder Hort der Zweisamkeit?

 »Hast du vorher schon mal was studiert?«
»Ja, das ist mein dritter Studiengang. Vor-
her habe ich schon Ägyptologie, Ethnologie
und Religionswissenschaften studiert und danach Philo-
sophie und Geschichte auf Lehramt.« »Ach, das ist ja toll,
ich wollte auch schon immer mal Taxifahren studieren.«
Carsten sieht mich mit großen Augen an. Um uns herum
lachen Leute, feiern, tanzen, trinken. Es ist Ersti-Hütte des
Geowissenschaften-Studiengangs in Freiburg. Wir haben
uns gerade kennengelernt und führen ein erstes Gespräch.
Ich habe auch schon das ein oder andere Bier intus, und
mein Höflichkeitsfilter ist deaktiviert. Mein Mund ist
ohnehin meistens schneller als mein Hirn. Je mehr Alko-
hol involviert ist, desto schlimmer wird es. Statt netten
Small Talk zu führen, würge ich Carsten erst mal einen
rein, belächle seinen bisherigen Weg. Für mich ist es das
erste Studium, das erste Mal, dass ich nicht mehr zu Hause
bei meinen Eltern wohne. Ich fange gerade erst an, meinen Horizont zu erweitern und mich selbst besser kennenzulernen. Carsten denkt sich: »Entweder ist das eine

richtig blöde Kuh oder sie ist extrem cool.« Aus den Boxen erklingen die ersten Töne von »Smells Like Teen Spirit«. Ich vergesse Carsten für einen Moment und hüpfe freudig auf die Tanzfläche. Doch Carsten lehnt nicht nur lässig wippend an irgendeiner Wand, er kommt direkt mit, springt und lacht, powert sich beim Tanzen völlig aus. Ich denke mir: »Entweder hat der eine Macke oder er ist extrem cool.« Der Song ist vorbei, und ich lasse mich leicht schwitzend und mit einer Flasche Bier in der Hand auf eine der Bänke fallen. Rumms. Bank verfehlt. Statt mich elegant auf die Sitzfläche zu schwingen, verkalkuliere ich mich ein wenig und setze mich etwa zwanzig Zentimeter daneben. Ich lande abrupt mit meinem Hintern auf dem Boden. Köpfe drehen sich in meine Richtung, die ersten Lacher ertönen. Wo ist noch gleich das nächste Loch, in dem ich verschwinden kann? Trotzdem lache ich aus Mangel an Alternativen einfach mit drauflos. Carsten streckt mir grinsend eine Hand entgegen und hilft mir hoch. Er denkt sich: »Kleine Rache des Universums, meine Liebe.« Aber er spürt schon die ersten Anzeichen von Zuneigung, als würde er mein inneres Kind in seine Arme schließen und es beschützen wollen. Zwei Monate gehen ins Land. Wir tänzeln weiter umeinander herum, sehen uns jeden Tag in der Uni und auch außerhalb beim Feiern mit den Kommilitonen. Wir reden immer mehr miteinander, fühlen uns zueinander hingezogen, aber keiner traut sich, den ersten Schritt zu machen.

Dann ist Dezember. Ich schließe gerade mit meiner Kollegin den Laden ab und lasse das schwere Metallgitter herunter. Damit ich mir mein Studentenleben finanzieren kann, arbeite ich eine Zeit lang ein paarmal die Woche nachts in einer Spielothek. Als ich mich umdrehe, sehe ich

Carsten hinter mir stehen. In der Hand hält er zwei Becher Kaffee und reicht mir einen. »Sorry, ist wahrscheinlich schon kalt. Ich wusste nicht genau, wann du Feierabend hast.« Ich nehme den Becher entgegen und lächle nervös. Es ist das erste Mal, dass wir alleine sind, ohne den emotionalen Schutz unseres inzwischen gemeinsamen Freundeskreises. In so etwas bin ich nicht gerade besonders gut. Nervosität steigt in mir auf, und ich möchte mich am liebsten schnell verstecken. »Wow, danke dir! Was machst du denn hier?« »Ich wollte dich einfach mal abholen. Sollen wir noch irgendwo was trinken gehen?« Natürlich will ich. Nach außen hin bin ich die Ruhe in Person. Nach innen hinein: Aaaaaah! Es ist bereits kurz nach Mitternacht, und Freiburg ist nicht gerade Hamburg. Viele Möglichkeiten gibt es um die Uhrzeit nicht mehr, aber wir erwischen gerade noch die letzte Stunde einer Bar um die Ecke. Wir trinken, wir reden. Hauptsächlich über unsere Kommilitonen, die Uni, das Leben in Freiburg, also um den heißen Brei herum. Die Bedienung kommt an unseren Tisch und möchte schon mal abrechnen, sie machen gleich zu. Wir zahlen und verlassen die Bar. Carsten begleitet mich noch ein Stück in Richtung meiner WG. Ich fühle mich wie in einem Teenie-Roman. O nein! Gleich kommt die Verabschiedung! Was mache ich denn da?? Wir bleiben an der Straße hinter dem Münster stehen. Hier trennen sich unsere Wege. Unschlüssig wechseln wir noch ein paar nervöse Worte, scharren mit den Füßen. Carsten gibt sich selbst einen Ruck, nimmt mich in den Arm und küsst mich. Ich fliege. Ich meine das ganz im Ernst. Alle möglichen Gefühle schießen gleichzeitig auf mich ein: Aufregung, Glück, Neues, Vertrautes. Er wird mir später erzählen, dass es ihm genauso ging. Dass er dachte, er schmelze dahin, als ich ihn beim Kuss mit meinen Fingern im Nacken kraulte. Wir wissen es noch nicht, aber acht Jahre später wird er mir an genau dieser Stelle einen Heiratsantrag machen. »Willst du mich verarschen?«, werde ich fragen. Dann sage ich Ja.

In Freiburg leben wir jeweils in unterschiedlichen WGs. Carsten hat ein Zimmer für sich, ich habe eines für mich. Wir sind jung, alles ist so aufregend. Wir wollen möglichst viel Zeit miteinander verbringen. Wir sehen uns weiterhin jeden Tag in der Uni, aber nun sind wir auch außerhalb der Vorlesungen immer zusammen. Entweder bei ihm oder bei mir. Wir verbringen so gut wie keine Nacht mehr getrennt. Irgendwann kippt etwas bei mir. Ich brauche Freiraum! Luft zum Atmen! Ich liebe Carsten, aber ich will ihn nicht jede Nacht und in jeder freien Minute um mich haben. Aber was soll ich machen? Ich möchte seine Gefühle nicht verletzen und ihn auch nicht verlieren. Aber dieses ständige Aufeinanderhocken wird mir einfach zu viel. Es ist eine komplett neue Erfahrung für mich. Meine erste längere Beziehung, das erste Mal ohne die Eltern in der Wohnung als natürlicher Puffer. Ich bin überfordert. Früher hätte ich in so einer Situation die Beziehung vielleicht sogar schon beendet. Bei Carsten fühlt es sich anders an. So wie noch nie zuvor. Ich will nicht, dass es endet. Es soll sich nur etwas entzerren.

Wir sind gerade in einer Skateboardhalle in Weil am Rhein. Meine einzige Boarding-Erfahrung beschränkt sich darauf, als Kind sitzenderweise den Berg in Kassel von der Kirche bis runter zum Park zu ballern. Im Nachhinein gar nicht mal so ungefährlich. Ein Auto, und zack, Lichter aus. Aber es ging immer alles gut. In der Halle stehen Pipes, kleine, große, und ein paar andere Hürden, zum drauf

Rumfahren. Ich habe den Slang nicht so drauf. Grinden? Sliding? Na ja, so was in der Art eben. Carsten und ich sind mit zwei Freunden unterwegs. Der ein skatet und will uns in seine Welt einführen. Ich versuche mich an ein paar gewagten Tricks. Gekonnt stehe ich mit wackeligen Beinen auf dem Brett und rolle mit Panik in den Augen eine klitzekleine Pipe herunter. Wooohoo! Ich stehe noch! Ich lebe noch! Was für ein Tag. Ich bin voller Adrenalin. Vielleicht ist genau jetzt der richtige Zeitpunkt, um mit Carsten zu reden. Ihm zu erklären, dass ich Abstand brauche, ohne ihn zu verschrecken. In der Halle gibt es einen kleinen separaten Vorraum, der zu den Toiletten führt. Ich bitte ihn, mal mit rauszukommen, ich müsse etwas mit ihm besprechen. Ooookay, kommt es unsicher von ihm. Draußen angekommen, stehe ich unruhig vor ihm. Jetzt oder nie. Ich sage ihm, dass es mir alles etwas zu eng ist. Dass ich mal Zeit und mehr Raum nur für mich brauche. Dass ich die Beziehung mit ihm wundervoll finde, aber eben nicht ständig auf so kleinem Raum, psychisch aber auch physisch. Schließlich hängen wir auch sehr oft zusammen in unseren kleinen WG-Zimmern rum. Ich beende meine Ausführungen und blicke aufgeregt in sein Gesicht. Er lächelt. Das könne er vollkommen verstehen, und es ginge ihm ganz genauso. Er sei davon ausgegangen, dass ich diese starke Nähe gern hätte und er hätte es vor allem für mich gemacht. Seine letzte Freundin sei da sehr anhänglich gewesen. Mich überkommt eine große Erleichterung. Er ist kein bisschen verletzt, sondern froh, dass ich es angesprochen habe. Wir einigen uns darauf, die Zügel etwas lockerer zu lassen und auch mal Zeit alleine, ohne den anderen, zu verbringen. Damit haben wir beide kein Problem. Jeder hat die Option auf Freiraum.

Dieser Moment ändert alles für uns. Er legt den Grundstein für das Paar, das über die vielen Jahre aus uns werden soll. Verbringen wir von da an viel weniger Zeit miteinander? Ironischerweise nicht. Ganz im Gegenteil. Wir hängen nach wie vor stark aufeinander, schlafen jede Nacht gemeinsam ein und sind beide damit extrem glücklich. Auf einmal sehnt sich keiner von uns nach mehr Zeit und Raum für sich selbst. Alles ist so, wie es sein soll. Vielleicht weil wir nun beide wissen, dass wir theoretisch die Möglichkeit hätten, uns zurückzunehmen, mal alleine zu sein, ohne dass der andere beleidigt ist oder es falsch versteht. Dieses Wissen nimmt derart viel Druck von uns, dass wir ab diesem Zeitpunkt nie wieder mehr Abstand voneinander benötigen. Bis heute nicht – was auch ganz gut ist, wenn man auf fünfundzwanzig Quadratmetern zusammen lebt und arbeitet.

Laut Statistischem Bundesamt bewohnte 2017 jeder Einwohner Deutschlands durchschnittlich mehr als sechsundvierzig Quadratmeter. Also jeder einzelne Mensch! Sechsundvierzig Quadratmeter! So viel Platz hatten Carsten und ich in unseren normalen Wohnungen nicht mal. Und nun fünfundzwanzig Quadratmeter zu zweit. Also fast ein Viertel des Bundesdurchschnitts. Statistik, Schmatistik, ich weiß. Dennoch wird mir diese Zahl von Freunden und Bekannten immer wieder unter die Nase gerieben. Was wir machen würden, wenn einer mal Ruhe benötigt? Wir hätten ja gar keinen separaten Raum, in den wir ausweichen könnten. Gehen wir uns nicht irgendwann ordentlich auf den Zeiger? Ganz ehrlich? Nein. Wieso? Drei Gründe.

Erstens brauchen wir keinen Abstand. Wirklich nicht. Seit diesem Tag in der Skateboardhalle sind wir das personifizierte Kotzpärchen. Eigentlich möchte ich Carsten immer um mich rum haben, mit ihm macht alles mehr Spaß. Ich bin ein nervöser, unruhiger und hibbeliger Mensch. Etwas an ihm beruhigt mich. In seiner Gegenwart fühle ich mich einfach pudelwohl und genauso, wie ich sein möchte. Wir bestärken uns gegenseitig darin, unsere spinnerten Ideen zu leben, und glücklicherweise haben wir eine sehr große Schnittmenge, was die wichtigsten Prioritäten und Wünsche im Leben angeht. Der Bau des Tiny Houses ist nur ein Beispiel dafür. Mal abgesehen davon, ist es ja nicht so, als würden wir vierundzwanzig Stunden am Tag immer nur aufeinanderhängen. Welches Paar macht das schon? Die meisten gehen schließlich arbeiten, treiben Sport oder haben sonst irgendwelche Hobbys unabhängig vom Partner. Genau wie wir. Ich habe meinen Bürojob, mache Pilates, lerne gerade in einer Percussion-Truppe zu trommeln, treffe mich auch mal mit einer Freundin allein oder bin beruflich auf Reisen. Carsten hat seine Termine mit Patienten, spielt Handball und macht Tai-Chi. Es gibt ohnehin bereits so vieles, bei dem wir die Woche über nicht zusammen sind. Wieso sollten wir die wenige Zeit, die wir abseits davon für Gemeinsamkeit haben, auch noch darauf bedacht sein, ein extra Zimmer zu haben, damit wir dem anderen aus dem Weg gehen können? Wieso sind Carsten und ich die Verrückten, wenn wir gar kein Bedürfnis nach Einsamkeit haben? Wenn wir unsere Gesellschaft genießen und den anderen nicht schon nach zehn Minuten loswerden wollen? Ein Zuwenig an räumlichem Platz ist für uns kein Problem. Uns gegenseitig auch mal die Köpfe einschlagen – das können wir in großen wie auch kleinen Räumen ...

Ich stehe in der Küche mit dem Farbpinsel in der Hand. Die Außenisolierungen sind fertig, die Decke gebaut, der

Boden liegt, die Wände sind gestrichen. Mein Werk. Wie schon beim Wohnzimmer habe ich auch in der Küche den Innenausbau zum größten Teil alleine gemacht. Beim Wohnzimmer fand ich es noch in Ordnung. Carsten kümmerte sich währenddessen um die Abdichtung des Dachs oder das Einsetzen der Stützbalken. Jetzt ist er auf einmal nur noch draußen unterwegs. Wir leben zwar noch auf einer Baustelle und müssen zwei Drittel der Räume erst einmal fertigstellen, aber der Herr findet, wir bräuchten ganz dringend ein Segel als Vordach. Oder auch eine kleine Gartenmauer aus Ästen, Steinen und einem alten Kutschrad. Nachdem ich die Küche vorbereitet habe, gehe ich davon aus, dass Carsten den Bau des Badezimmers übernimmt. Wände einziehen, Tür einbauen, was eben so ansteht. Ich warte. Einen Tag. Zwei Tage. Carsten baut an seiner Gartenmauer weiter und spannt noch ein zweites Segel. Zum Teufel! Was treibt er denn da? Sieht er nicht, dass es Prio Nummer eins sein sollte, erst den Innenraum fertigzustellen? Sieht er nicht. Mir reicht's. Wieso warte ich eigentlich die ganze Zeit auf meinen Mann? Als könnte ich nicht selbst mit Säge und Bohrmaschine umgehen. Ich bin wütend auf Carsten, gleichzeitig wundere ich mich über meine Haltung. Wieso bin ich eigentlich davon ausgegangen, dass er den Bau der Wände übernimmt? Traue ich mir das nicht zu? Nachdem ich schon so viel an unserem Häuschen gearbeitet habe, wie schwer sind da wohl zwei Leichtbauwände aus Holz? Tag drei meiner Wartezeit. Ich gehe zum Holzlager und schnappe mir alles Notwendige. Soll der Paddel doch draußen mit seinen Segeln spielen, ich mache hier was Ordentliches. Halb wütend, halb triumphierend schraube ich das Holzgerüst für die Wände zusammen und ackere die Tage hindurch, bis alles fertig ist. Carsten werkelt immer noch draußen herum. Es sind vielleicht zwei Wochen. Zwei Wochen, in denen wir uns angiften oder anschweigen. Ich bin ihm zu schnell, übe zu viel Druck aus. Er findet, ich motze ihn nur noch an. Fast schon aus Trotz zeigt er mir den metaphorischen Mittelfinger und arbeitet draußen, abseits von mir. Ich habe drinnen mein Refugium. Es ist schließlich Winter, und ich würde auch gerne mal etwas kochen können, ohne immer in die Küche des Hofes gehen zu müssen. Und wenn es eine Tütensuppe ist. Ich setze meine ganze Energie dafür ein, diesen Status quo so schnell wie möglich zu ändern, während Carsten den Außenbereich aufhübscht. Wir steigern uns in einen netten Teufelskreis hinein. Ich werde immer wütender, weil er lieber ein paar Segel spannt, als die grundlegenden Basics in unserem Haus in den Fokus zu nehmen. Daraufhin wird er wütend und baut erst recht draußen weiter, was mich wiederum weiter auf die Palme bringt. Ja, wir lieben uns, wir können nicht ohne einander sein, aber wir sind auch richtig gut darin, uns ordentlich die Hölle heißzumachen. Wir sind beide stur wie ein Bock. Irgendjemand hat Carsten mal gefragt, wie ich denn eigentlich mit seiner Sturheit zurechtkäme. Da musste er lachen. Ich sei noch viel sturer als er. Das konnte der andere kaum glauben. Ich weiß leider, dass es stimmt. Wir beide tendieren manchmal dazu, unsere Art und Weise, die Dinge anzugehen, als die beste zu sehen. Der andere hat ja keine Ahnung. Wenn ich körperlich arbeite und etwas schaffen will, dann esse und trinke ich auch mal den ganzen Tag nichts und arbeite mich quasi in eine Trance hinein. Ich höre nicht auf, bis ich das Gefühl habe, mein Tagewerk erreicht zu haben. Das ist natürlich durchaus effizient, aber auch extrem anstrengend und hat mit Spaß am Ende nicht mehr viel zu tun. Carsten ist da anders. Er überlegt erst mal sehr lange, wie er etwas angehen möchte. Dann macht er zwischendrin Pausen oder wechselt sogar die Baustelle, weil ihm etwas eingefallen ist, was er gerne noch einschieben will. Das andere macht er dann eben später fertig. Da könnte ich durchdrehen. Angefangene Baustellen! Ich hab früher beim Brettspiel »Hotel« schon immer fast hyperventiliert, wenn auf meinem Grundstück noch nicht alle Hotelgebäude inklusive Freizeitpark standen. Das muss doch fertig werden! Diese grundsätzlich verschiedenen Arbeitsmethoden haben beide ihre guten und schlechten Seiten. Wie vermutlich so ziemlich alles im Leben.

Wir sitzen bei einem Friedensbierchen zusammen. Die Küche ist fertig, das Bad auch. Ich kann wieder einen Gang runterschalten. Das ist gut, in den letzten Wochen habe ich mich stark ausgelaugt, um diese Baustellen abzuschließen. Wir haben uns ausgesprochen. Carsten hat mir erklärt, wieso er in letzter Zeit so abweisend war. Die Wut darüber, wie ich ihm Vorschriften machen wollte, war die eine Sache. Die andere war Vertrauen. Er wusste, dass ich mit dem Innenausbau alleine klarkommen würde. Dadurch konnte er sein Herzensprojekt – das Segel und den Garten – in Angriff nehmen. Das klingt jetzt erst mal nicht so charmant. Aber irgendwie gefällt es mir trotzdem. Welcher Mann überlässt schon seiner Frau komplett die Herrschaft über die Baustelle des eigenen Hauses? Meiner. Ich muss lachen. Egal, wie oft wir uns streiten, letztlich finden wir immer wieder zusammen. Würden wir uns weniger streiten, wenn wir in einem großen Haus leben würden? Oder wenn wir noch einen Raum mehr hätten? Natürlich nicht. Die Größe unserer Wohnung war für uns nie Grund für einen Streit. Wir haben drei Jahre lang quasi in einem WG-Zimmer gewohnt. Das ging ja auch. Je älter wir werden, umso häufiger sind wir aber der Meinung, wir müssten uns verbessern. Verbessern im Sinne von vergrößern. Ein größeres Auto, eine größere Wohnung. Aber wieso ist größer auch automatisch besser? Warum habe ich das gesellschaftliche Spiel gewonnen, wenn ich zehn Quadratmeter mehr mein Eigen nennen kann? Eine große Wohnung ist ein Zeichen von beruflichem Erfolg. Die haben es geschafft! Das ist es, was wir wollen, es schaffen. An der Spitze sein. Sagen können, schau mal, wie erfolgreich ich bin. Für mich bedeutet das übersetzt: Je erfolgreicher ich bin, desto mehr Abstand brauche ich von meinem Partner. Noch ein Raum. Noch ein paar Stunden mehr Arbeit in der Woche, in denen ich meine Liebe nicht sehe. Ich mag unsere fünfundzwanzig Quadratmeter. Sie sind kuschelig. Wir können die Nähe zelebrieren, als beste Freunde und als Paar.

Der zweite Grund, weswegen wir uns auf kleinem Raum nicht auf den Keks gehen, ist die eigentliche Definition von Platz. Was bedeutet eigentlich Lebensraum? Ist mein Wohnraum, der Platz, den ich zum Leben habe, also nur die paar Quadratmeter in Beton, oder in unserem Fall Holz, eingefasste Räumlichkeiten? Fängt er an und endet an den äußeren Fenstern? Mir scheint das eine kulturelle Einschränkung zu sein. Was ist beispielsweise mit Nomadenvölkern, die immer weiterziehen und daher relativ wenig Hab und Gut haben und bloß ein stabiles Zelt oder eine Jurte als mobiles Zuhause, Schutz vor Wind und Wetter? Denn genau das ist so eine Wohnung doch eigentlich, oder nicht? Ein Dach, damit ich nicht nass werde. Eine Heizung, damit ich im Winter nicht friere.

Eine Küche, damit ich mich ernähren kann, und ein Bad, damit ich die für meine Gesundheit wichtige Körperpflege betreiben kann. Der Rest ist Mumpitz. Zusätzliche Lagerfläche für all das Zeug, was wir mit den Jahren so ansammeln. Doch außerhalb des Würfels findet auch Leben und Begegnung statt. Es ist nicht alles auf den Innenraum beschränkt.

Es gibt einige Post-Apokalypse-Filme, in denen die Menschen nach einer Katastrophe oder der langsamen Zerstörung des eigenen Planeten in den Untergrund gedrängt werden. Ein Leben unter der Erde, in Bunkern oder Städten, ohne natürliches Licht und Frischluft. Wir sehen diese Filme und denken: Wie furchtbar! Andererseits wachen wir morgens in unserem isolierten Wohnwürfel auf, steigen in unseren isolierten Fahrwürfel und fahren zu unserem isolierten Arbeitswürfel, danach in den isolierten Einkaufswürfel, um dann wieder in unseren Wohnwürfel zurückzukommen. Ist das wirklich ein so großer Unterschied zum Leben unter der Erde? Wir verbarrikadieren uns doch auch die ganze Zeit. Genau aus diesem Grund reichen Carsten und mir fünfundzwanzig Quadratmeter. Wir sehen den Platz außerhalb unseres Würfels als Teil unseres Lebens- und Wohnraums. Es muss sich nicht alles drinnen abspielen. Die Definition meines heutigen Lebensraumes lautet nicht: Muss ein Dach und Wände haben. Für manche Menschen gilt die Außenwelt allerdings nicht – außer, es stehen Sonnenschirme eines Kaltgetränkeherstellers drum herum, und man zahlt vier Euro für eine Apfelschorle. Früher in Hamburg hatte ich einen kleinen Balkon, den ich nutzen konnte. Und im Hinterhof, zwischen den Häusern, gab es sogar eine Grünfläche, auf der man theoretisch hätte grillen können. Allerdings trennten uns ein Zaun und ein schönes »Betreten verboten«-Schild von diesem Vorhaben. Einzig der Hauswart durfte den Rasen betreten, um ihn regelmäßig auf ein Minimum zurückzuschneiden und die paar armen Bäume immer sofort zu stutzen, wenn sie mal wagten, neue Triebe zu bekommen.

Hier ist das anders. Wir haben Flächen ohne Schilder oder Zaun – und ohne Hauswart. Dafür mit Hühnern, Meerschweinchen und Vögeln – und manchmal auch mit Spaziergängern, die neugierig durch unsere Fenster gucken. Aber ein »Betreten verboten«-Schild würde mir trotz dieser freundlich gemeinten Ruhestörungen niemals unterkommen. Hier gehört das Außen direkt vor unserer Haustür uns. Vor unserem Häuschen haben wir einen kleinen Tresen gebaut, der von Carstens berühmten Segeln überspannt wird. Eine Tischplatte, umschlossen von Zweigen und Stämmen. Darüber wehen bunte Wimpel im Wind, die ich mal als Deko für unsere Hochzeit genäht habe. Abends wird alles von Kerzen beleuchtet. Selbst im Winter stehen wir hier, hören Musik und reden. Alles Platz, den wir nutzen und genießen.

Wenn dann wirklich mal der seltene Fall eintritt, dass einer von uns ein bisschen Zeit für sich braucht, dann haben wir immer noch das Schlafloft. That's it? Ja, so ziemlich. Wer sagt denn, dass ich nur meine Ruhe haben kann, wenn zwischen mir und meinem Partner eine dicke Wand und mindestens zwanzig Quadratmeter liegen? Bei uns kann sich einer ins Bett lümmeln und der andere unten im Wohnzimmer sitzen, ohne dass wir uns sehen. Direkt neben dem Bett steht ein alter Bauernschrank, der die direkte Sicht von unten aus dem Wohnzimmer versperrt. Wie ein kleiner Raumteiler. Und schon entsteht das Gefühl eines abgetrennten Raumes. Auch ohne sechsundvierzig Quadratmeter pro Person. Geht doch.

Für uns sind also alle Voraussetzungen gegeben, um gemeinsam glücklich zu sein. Die Zeit des Baus ist natürlich anstrengend, wir sind gereizt und unausgeglichen. Wir haben noch nie ein so großes Experiment gewagt. Ohne Sicherheitsnetz und einfach mal rein ins Ungewisse. Auf der anderen Seite haben wir auch schon so viel Spaß wie lange nicht mehr. Auf einmal gelten andere Regeln. Ich tanze nachts vor dem Haus mit Daunenjacke und Kopfhörern über die Felder, wir kuscheln vor dem knisternden Kamin, und wir essen so viel Lebkuchen, Spekulatius und Stollen, wie wir Lust haben. O Gott, die Kalorien! Und wie ungesund! Pah! Wir haben einen extremen Energieverbrauch durch all die Arbeit, da können wir es auch mal krachen lassen. Good times.

Ich finde es nach wie vor erstaunlich, dass sich so viele Menschen Gedanken darüber machen, ob so viel räumliche Nähe ihre Partnerschaft zerstören würde. Was sagt das denn über die Beziehung aus? Neulich sagte jemand zu mir, so ein Bauprozess im Winter sei ja auch ein ganz guter Härtetest für die Beziehung, das schweiße zusammen. Auf der einen Seite verstehe ich, was er meint. Natürlich sorgt so ein anstrengendes Abenteuer dafür, dass wir uns als Individuen, als Partner und Team noch einmal besser kennenlernen, vielleicht sogar an einigen Stellen neu erleben. Das kann eine belastende Erfahrung sein. Auf der anderen Seite, jetzt mal ernsthaft, wenn es vorher keinen Zusammenhalt gab, ist so ein Projekt doch eher der Todesstoß. Wenn wir nicht schon vorher zusammengeschweißt gewesen wären, hätte ich so eine Aktion mit Carsten sicher nicht gestartet. Wer tut sich so ein Projekt an, wenn er nicht ganz genau weiß, dass es das wert ist? Und vor allem, dass er einen Partner hat, auf den er bauen kann. Ich bin froh, dass unsere vorhandene Schweißnaht gehalten hat. Mit Carsten zusammen war es nicht nur stressig, sondern auch lustig. Mit keinem anderen wäre das für mich gegangen. Wir sind eben ein Team. Uns gibt es im Doppelpack oder gar nicht.

Hier im Wendland haben wir eine Frau kennengelernt. Sie lebt auch in einem Bauwagen. Sie fragt Carsten, ob ihm klar wäre, wie selten das sei? Diese Verbundenheit. Er nickt. Er weiß es. Auch ich weiß es. Früher dachte ich immer, das liefe bei allen Partnerschaften so ab, die länger hielten. Erst mit den Jahren lernte ich, dass was für mich gilt nicht auch für andere gelten muss. Ich dachte, das Bedürfnis nach Nähe, Freundschaft, gegenseitigem Respekt, emotionalen Hochs und Tiefs und einer unerschütterlichen Bande ist bestimmt immer das Grundrezept einer jeden Beziehung. Carsten und ich gehen beispielsweise fast immer zusammen duschen. Ich meine das jetzt nicht auf sexuelle Art, also meistens, wir leisten uns einfach Gesellschaft. Jeden Morgen trinken wir erst mal in aller Ruhe einen Kaffee zusammen. Egal, wann wir aufstehen. Selbst wenn der eine schon um fünf Uhr aufstehen muss und der andere eigentlich ausschlafen könnte. Der gemeinsame Kaffee ist unantastbar. Jeden Abend geben wir uns einen Gute-Nacht-Kuss und wünschen uns schöne Träume. Wenn einer pupst, streichelt der andere seinen Bauch. Also natürlich macht das nur Carsten, ich pupse ja nicht, ich bin eine Lady, mit Rosenblüten und so. Auf der anderen Seite sind wir wie kleine, quengelige Kinder, weswegen wir die »Du-musst«-Regel eingeführt haben. Sie ist denkbar einfach und basiert auf dem First-come-first-served-Prinzip. Wer schneller »Du musst!« ruft, hat gewonnen. So etwa: »Wir müssten mal wieder den Müll rausbringen, du musst!« »Och nee, ich habe die Flasche Wasser unten in der Küche stehen lassen, du musst!« »Das Feuerholz ist alle, du musst!« Ich glaube, das Grundkonzept ist ziemlich leicht zu verstehen. Es klingt vielleicht albern, funktioniert bei uns beiden aber einfach großartig. Jeder hat die gleiche Chance, es gibt kein Rumgenörgel, wer es zuletzt gemacht hat und wer jetzt eigentlich dran wäre. Keine ständigen Streitereien wegen Lappalien. Das Du-musst ist die oberste Autorität, und wir erkennen sie beide an.

Diese kleinen internen Regelungen und Rituale gehören zu unserem Leben und unserer Beziehung dazu. Wir halten sie in Ehren, von Jahr zu Jahr. Auf den ersten Blick erscheinen sie vielleicht unwichtig und albern, das sind sie jedoch nicht. Sie sind vor allem ein Zeichen von Aufmerksamkeit. Aufgrund der Art und Weise, wie wir heute leben, mit Vollzeitjobs und vielleicht sogar längeren Anfahrten zu unseren Arbeitsstellen, verbringen wir immer weniger Zeit mit unseren Partnern. Wie oft passiert es, dass Menschen einfach nur noch nebeneinanderher leben? Bestimmt lieben sie sich auf eine gewisse Art noch, wohnen zusammen, haben vielleicht auch einen gemeinsamen Freundeskreis. Aber sehen sie sich wirklich noch? Beschäftigen sie sich noch richtig miteinander? Mit den Ritualen ist natürlich nicht alles geschnackt, aber es sind Symbole dafür, wie wichtig wir einander sind. Die tiefere Ebene ist natürlich das wahre Interesse an den Wünschen, Sorgen und Träumen des anderen. Gerade weil Carsten und ich diese so gut wie möglich miteinander teilen, wohnen wir jetzt in einem Tiny House. Wir waren beide nicht glücklich mit der Situation in der Stadt. Anstatt uns jedoch einfach in unser Schicksal zu fügen, haben wir miteinander gesprochen. Wir mussten uns einfach einander mitteilen. Dadurch konnten wir gemeinsam an einer Lösung arbeiten und unseren Weg finden.

Es ist Januar. Ich habe Geburtstag und sitze mit einem Glas Wein auf der kleinen Sitzbank in unserer Küche. Strom und Lampen haben wir hier noch nicht, deswegen habe ich ein paar Kerzen angezündet, und es läuft Musik. Ich hatte keine Lust auf eine richtige Feier, war einfach zu kaputt vom täglichen Bauen. Wir sind auch gerade erst aus Hamburg zurückgekommen, heute war Bürotag. Eigentlich wollten wir in Hamburg nett essen gehen. Es ist eins der wenigen Dinge, die ich aus der Stadt vermisse: Die Menge an guten Restaurants und dass diese meistens auch liefern, wenn man mal keine Lust hat, sich zu bewegen. Aber Carsten sagte: »Ach komm, wir fahren jetzt erst mal nach Hause, und dann koche ich dir etwas. Wie bei deinem ersten Geburtstag. Weißt du noch?« Na klar weiß ich das noch. Mit erstem Geburtstag meint er das erste Mal, als er dabei war. Wir waren gerade einmal einen guten Monat zusammen. Bei meiner Mutter hatte er eines meiner damaligen Lieblingsessen in Erfahrung gebracht: Zwiebel-Sahne-Schnitzel. Ja, er kannte meine Eltern bereits. Er kannte sie, weil er nach knapp zwei Wochen Beziehung bei mir und meinen Eltern zu Hause in München aufschlug. Er war sich nicht sicher, ob ich es mir über die Weihnachtsferien vielleicht anders mit ihm überlege. Um mir gar nicht erst Zeit zum Grübeln zu geben, setzte er sich nach Weihnachten in einen Zug und fuhr vom Wendland, wo seine Eltern heute noch wohnen, bis München, um bei mir zu sein. Meiner Mutter erzählte ich damals noch, ein Kommilitone würde mich besuchen kommen. Sie meinte nur, dann bereite sie das Bett im Zimmer meines Bruders vor. Ach, der kann ruhig bei mir im Bett schlafen. »Ach, soo ein Kommilitone«, war ihre grinsende Antwort. Wir feierten mit meinen Freunden zusammen Silvester und fuhren dann gemeinsam wieder zurück nach Freiburg. Wenn ich mir bis dahin noch nicht sicher gewesen war, so wusste ich jetzt: Der Bursche ist All-in.

An meinem Geburtstag kochte er dann für mich. Die Nudeln waren etwas weich, die Soße überwürzt, und doch war ich einfach nur glücklich. Dieser coole Typ! Noch nie hatte ein Mann für mich gekocht, also keiner meiner Freunde. Ich fand das mega. Ich esse eh viel lieber als ich koche. Dieses Erlebnis will Carsten für mich wiederaufleben lassen. Es ist doppelt besonders. Mein Mann, der den Kochlöffel für mich schwingt, und zwar zum ersten Mal in dieser Küche. Der Elektroherd ist zwar noch nicht angeschlossen, aber Carsten werkelt mit dem zweiflammigen Campinggasherd aus unserem Bulli. Ich darf danebensitzen, mein Weinchen schlürfen und nichts tun. Es gibt kein Drei-Gänge-Menü, lediglich Nudeln mit Pesto. Wer mich kennt, weiß aber, dass das trotzdem eine sehr sichere Wahl ist. Ich habe den Geschmack einer Zwölfjährigen mit Schwangerschaftshormonen. Am glücklichsten macht man mich mit Nudeln und Tomatensoße, Pesto geht auch, Käsespätzle oder Pizza mit Schoki drauf. Überhaupt lässt sich fast alles Deftige hervorragend mit Schokolade kombinieren. Erst probieren, dann beurteilen! Er dreht das Gas aus, setzt sich zu mir auf die Bank und reicht mir einen Teller mit Gabel. Wir stoßen an und essen schweigend. Wir genießen beide diesen Moment. Wir blicken hierhin und dorthin, betrachten unser bisher vollbrachtes Werk. Unfassbar, wie es hier noch vor einem Monat aussah. »Bist du glücklich?«, fragt er. »Und wie!«, sage ich.

Immer wieder gibt es Menschen, die mit dem Konzept »kleiner Raum« dennoch nicht klarkommen. Was, wenn ihr mal Kinder habt? Bisher gehören Kinder nicht zu unserem Lebenskonzept. Wenn sich das mal ändern sollte, na und? Dann bauen wir eben einen zweiten Bauwagen aus, als Kinderzimmer. Bevor wir auf den Hof hier mit unserem eigenen Wagen kamen, standen dort drei Bauwagen sternförmig zusammen. Sie gehörten einer Familie mit Kindern. Die Eltern in einem und die zwei Kinder hatten je ihren eigenen. Sie fanden das klasse. Warum auch nicht? Wer sagt denn, dass die einzige Art, Kinder großzuziehen, in einem normalen Haus oder einer normalen Wohnung ist? Wie viele Menschen auf der Welt leben in schlichten Hütten und schaffen es dennoch, darin eine Familie zu versorgen. Es geht auch anders.

Generell empfinden wir das Leben in einem Tiny House auf dem Land als sehr angenehm. Ja, es ist manchmal eng im ganz normalen Alltag auf kleinem Raum. Unser Häuschen ist nur zweieinhalb Meter breit. Wenn wir beide zusammen in der Küche sind und die Treppe zum Loft nicht hochgeklappt haben, rempeln wir uns schon mal an. Wir drängeln dann irgendwie aneinander vorbei. Oder im Wohnzimmer. Dort steht der große Sessel gegenüber vom Europlatten-Tresen mit den Barhockern. Wenn Carsten einen der Hocker unter dem Tresen hervorzieht und sich darauf lümmelt, um am Computer zu zocken, muss ich halb über den Sessel klettern, um an ihm vorbeizukommen. Es ist eben schmal. Wenn ich es besonders eilig habe und noch ein paar Sachen zusammenpacken muss, geht Carsten auch schon mal vor die Tür, damit ich schnell hin und her huschen kann. Die Treppe selbst verursacht bei den meisten Menschen auch erst einmal Ängste. Es ist eben eine schmale, relativ steile Dachbodentreppe. Um hinauf- und herunterzukommen muss man schon etwas klettern. Am Anfang hatte ich auch Visionen, wie ich in der Nacht versuche, aufs Klo zu gehen, eine Sprosse verfehle und abschmiere. Aber bis heute ist es nicht passiert. Es ist alles eine Frage der Gewöhnung. Mittlerweile schwinge ich mich selbstbewusst die Treppe runter, nehme nur noch zwei Sprossen. Das geht ziemlich gut und ist gleichzeitig wie eine Mini-Sporteinheit. Aber gerade dieser Punkt sorgt auch wieder für Sorgenfalten bei vielen Menschen.

Wie soll das denn im Alter werden? Da geht das doch alles nicht mehr! Ich kann natürlich nicht wissen, wie es mir im Alter geht. Ich weiß ja nicht einmal, wie es mir nächstes Jahr um diese Zeit geht. Vielleicht werde ich krank, vielleicht habe ich einen Unfall. Ich will es nicht hoffen, kann es aber nicht wissen. Keiner kann das. Aber anstatt mich deswegen verrückt zu machen, sorge ich auf meine Art vor. Selbst in meinem Alter, mit Anfang dreißig, sind bei vielen die Sorgen über das Älterwerden groß. Wer sich selbst ein Haus baut, achtet frühzeitig darauf, dass alles barrierefrei ist oder dass die Toiletten ein klein wenig höher als normal sind. Wir müssen ja damit rechnen, dass wir im Alter quasi nichts mehr können. Das Ende vom Lied ist, dass wir schon in jungen Jahren so leben, als wären wir bereits achtzig. Mit dieser Gewöhnung ist es auch nicht weiter verwunderlich, wenn wir im Alter wirklich nichts mehr können. Was aber, wenn wir unser Leben darauf ausrichten, dauerhaft in Bewegung zu bleiben? Über den Sessel steigen, die Treppe herunterschwingen, über die Leiter auf unser Dach klettern, um die letzten Sonnenstrahlen aufzusaugen – es sind viele Barrieren, die mich auf Trab halten. Carsten beschäftigt sich viel mit Tai-Chi, es ist ein wichtiger Teil von ihm. Er zeigt mir immer mal wieder Videos von alten Meistern, die sich noch völlig geschmeidig bewegen. Keiner würde vermuten, welch hohes Alter sie teilweise bereits erreicht haben. Sie haben sich eben immer bewegt und tun es auch heute noch. Leichtfüßig und nicht am Stock oder Rollator. Es ist möglich.

Hinzu kommt: Wer weiß schon, was die Zukunft bringt. Meiner Generation wurde von Anfang an gesagt:»Ihr müsst flexibel sein, wenn ihr einen guten Job haben wollt. Bereit sein, den Ort zu wechseln, sogar den Schwerpunkt der Arbeit.« Nichts ist mehr auf ewig festgelegt. Die Zeiten, in denen Menschen ein Leben lang ihrer Firma treu blieben, sind vorbei. Warum gilt das nicht auch für die Art zu wohnen? Vielleicht bauen wir irgendwann auch ohne Kinder noch einen zweiten Bauwagen. Vielleicht nehmen wir das Loft wieder ab und setzen es auf einen kleinen Anhänger. Vielleicht bauen wir eine Jurte oder ein Earthship, so eine Art moderne Hobbithöhle. Wir fangen gerade erst an, die Möglichkeiten des experimentellen Wohnens für uns zu entdecken. Wir haben gerade erst gelernt, wie glücklich uns diese Art zu leben macht, und wollen es nicht mehr missen. Vor einigen Monaten lebten Carsten und ich noch in einer Wohnung, die mehr als doppelt so groß war wie unser Haus jetzt. Dort waren wir nicht glücklicher. Hatten nicht weniger Belastungsproben. Es gibt sicherlich viele Dinge, die eine Zerreißprobe darstellen, bei Carsten und mir auch, aber zu wenig Quadratmeter? Wir sind jetzt nicht stärker zusammengeschweißt als vorher schon. Auch streiten wir nicht täglich wegen mangelndem Platz, wir haben genug andere Themen. Es ist eher so, dass alle äußeren Belastungen, die wir zuvor spürten, wie hohe Mieten, viel Arbeit, Stress und Hektik, von uns abgefallen sind. Wir konnten beide wieder mehr zu den Menschen zurückfinden, die wir gerne sein wollen. Das Tiny House ist nicht einfach nur eine Wohnform für uns. Es ist eine bewusste Entscheidung, sich auf das Wesentliche zu reduzieren, mit weniger Ablenkung und mehr Energie und Zeit zum Experimentieren. Das ist uns gelungen.

Das glücklichste Stadtkind auf dem Land

 Tocktock. Tocktock. Was war das? Tocktock. Werde ich langsam verrückt? Verwirrt und etwas genervt blicke ich von meinem Laptop auf. Eigentlich versuche ich gerade zu arbeiten, aber dieses Geräusch nagt an meiner Konzentration. O, ist das ein Klopfen an der Tür? Ich geh mal lieber nachsehen. Ich nehme den Laptop von meinem Schoß, stelle ihn auf den Sessel, von dem aus ich so gerne arbeite, und dackle neugierig zur Tür. Ich lege ein Lächeln auf mein Gesicht, falls es einer der Nachbarn aus dem Dorf ist, möchte ich ihn freundlich empfangen. Mit unserer Harakiri-Bauwagen-Ausbau-Aktion den Winter über sorgen wir ohnehin schon genug für teils zweifelhafte Aufmerksamkeit. Nicht jeder erfreut sich an Vielfalt, sagen wir es mal so. Ich drücke die Klinke herunter und öffne die Tür. Hm, keiner da. Ich strecke den Kopf raus, nach rechts, nach links, nichts zu sehen. Eigenartig. Vielleicht doch Einbildung? Ich schließe die Tür wieder, greife mir den Laptop und setze mich wieder auf meinen Sessel. Der beste Arbeitsplatz überhaupt. Deswegen gönne ich mir auch den Luxus, einen für ein Tiny

House viel zu großen Sessel zu haben. Schreibtische sind einfach eine grausame Erfindung der Neuzeit. Wie in meiner Kindheit zuvor, saß ich auch noch zu Unizeiten und auch heute lieber auf dem Bett oder Sofa, um zu arbeiten. Ist einfach gemütlicher. Tocktock. Schon wieder werde ich aus meinen Gedanken gerissen. Also jetzt wirklich! Diesmal springe ich hoch und reiße die Tür auf. Erlaubt sich da jemand einen Scherz? Schon wieder sehe ich niemanden. Dann fällt mein Blick nach unten. Am unteren Rand des Bauwagens sehe ich gerade noch einen puscheligen, federigen Hintern hervorlugen. Ich grinse und gehe die Treppe herunter. Ja, von hier unten kann ich sie alle wunderbar sehen. Die Hühner, wie sie scharrend und pickend um den Wagen herumschwänzeln. Ihr kleinen Mistviecher! Anscheinend macht es ihnen Spaß, zum Test auch mal am Bauwagengestell zu picken. Kann man ja vielleicht essen, wer weiß. Ich fasse mir an die Stirn. Das hätte ich wissen können. Die Hühner haben hier auf dem Hof einen Freifahrtschein. Sie haben zwar einen Stall, in den sie sich zurückziehen können, aber ansonsten laufen sie vollkommen unbehelligt den ganzen Tag auf dem Hofgelände herum. Ich finde es eigentlich großartig. Zum einen bekommen wir immer wieder mal Eier von den frei laufenden Hühnern vom eigenen Hof. Zum anderen ist es für mich als Stadtkind einfach nur komplett surreal und zum Kaputtlachen. Es ist zwar nicht so, dass ich noch nie ein Huhn gesehen hätte. Ich war in meinem Leben auch vor dem Bau des Tiny Houses schon mal auf dem Land oder auf Bauernhöfen. Aber es ist dennoch etwas anderes, ein Gehege mit ein paar Hühnern zu sehen und dann wieder nach Hause in die Stadt zu fahren, oder aber abends gemütlich draußen auf Campingstühlen vor dem eigenen

Haus zu chillen und die Federpuschel einfach pickender-
weise zwischen den Beinen herumlaufen zu haben. Als
wäre es selbstverständlich. Manchmal verursachen die verrückten Daunenkissen auf Beinen auch Chaos, besonders,
wenn sie auf Futtersuche sind, was eigentlich immer der
Fall ist. Wer sich so ein Huhn schon mal angesehen hat,
weiß, dass es sich pickend und mit den Krallen scharrend
fortbewegt. Dabei buddeln sie eigentlich alles um und
fressen, was ihnen zwischen die Schnäbel kommt. Prinzi-
piell ist das gar nicht mal so blöd. Sie befreien Flächen
damit auch von Schadstoffen und lockern den Boden auf.
Zu schaden scheint es ihnen nicht, wobei ich dennoch versuche, fragwürdiges Material von ihnen fernzuhalten.
Kleine Gartenhelferlein, könnte man meinen. Na ja, nicht
immer. Als motiviertes Stadtkind, das über einen Balkon
nie hinausgekommen ist, wollte ich einen Kräuter- und
Gemüsegarten anlegen, sobald wir baustellentechnisch
aus dem Gröbsten raus waren. Ich erweiterte also Carstens
Außenprojekt, fing fröhlich an zu säen und schaute jeden
Tag, ob sich schon die ersten Triebe zeigten. Dann kamen
sie tatsächlich, und ich war hellauf begeistert. Doch das
Grauen, das folgen sollte, konnte ich nicht absehen.

Wir steigen aus dem Auto. Es ist mal wieder Hamburg-
Tag, und wir sind gerade erschöpft wieder auf dem Hof
angekommen. Ich schnappe mir meine Tasche und gehe
in Richtung unseres Häuschens. Es dämmert schon, die
Umgebung ist nur noch schemenhaft zu erkennen, aber
irgendetwas da vorne sieht eigenartig aus. Ich versuche die
Stelle, an der ich den Garten angelegt habe, zu fokussie-
ren. Och nö. Wo heute Morgen noch überall kleine, tapfere
Pflänzchen ihre Köpfe herausstreckten, sehe ich jetzt nur
noch eine Mondlandschaft. Das gesamte Beet ist umge-

graben, alle Pflanzen herausgerissen oder verbuddelt. Mit offenem Mund stehe ich erst mal im Garten und lasse meine Tasche sinken. Die Hühner! Sie sind zwar immer mal wieder hier rumgelaufen, aber eine derartige Zerstörung haben sie bisher noch nicht bewerkstelligt. Warum fand ich frei laufende Hühner noch mal toll? Ach ja, wegen der Tierliebe und so. Ich gebe zu, in den nächsten Tagen jage ich die Viecher erst mal vom Platz, sobald sie angegluckt kommen. Irgendwann gebe ich auf. Gib mir die Gelassenheit, Dinge hinzunehmen, die ich nicht ändern kann, den Mut, Dinge zu ändern, die ich ändern kann, und die Weisheit, das eine vom anderen zu unterscheiden. So heißt es doch, oder? Ich weiß nicht, wie mutig ich bin, aber die Sisyphus-Arbeit, den ganzen Tag Hühner zu verscheuchen, scheint mir nicht des Rätsels Lösung zu sein. Die Nachbarn erzählen mir, sie hätten einfach ein paar Seile als eine Art Zaun um ihr Beet gespannt. Ah. Und dann kommen die nicht mehr? Nö, das genügt völlig. Toll. Ich dachte, die würden darüberhüpfen oder -flattern. Anscheinend nicht. Na denn. Wieder was über die Natur von Hühnern gelernt. Also eigentlich das erste Mal etwas über die Natur von Hühnern gelernt. Im nächsten Frühjahr setze ich das einfach mal um. Mal sehen, wer hier zuletzt lacht.

Trotzdem gehört diese Begegnung der federigen Art mit zu den Gründen, weswegen wir mit unserem Tiny House auf dem Land stehen. Ich finde es einfach spannend und schön, überhaupt Tiere um uns herum zu haben. Ja, sie bauen auch mal Mist, zumindest aus meiner Perspektive, aber sie machen das Leben hier auch zu einem kleinen Theaterstück. Zuvor haben wir schon versucht, uns ein bisschen tierisches Flair in unsere Nähe zu holen – mit unseren drei kleinen Meerschweinchen. So klein sind sie eigentlich gar nicht. Ich hätte nie gedacht, dass ich für diese Quieker mal etwas übrig habe. Sie strotzen ja nicht gerade vor Intelligenz und machen ständig komische Geräusche. Bromseln, Quieken, Rascheln, Schmatzen – so etwas. Aber was soll ich sagen? Ich habe mich ein bisschen verliebt. Jetzt möchte ich sie nicht mehr missen und bin froh, dass sie nun einen noch größeren Auslauf haben und sich richtig austoben können. Anstatt in einem Gehege in der Wohnung sind sie jetzt schon seit Monaten draußen an der frischen Luft. Wir haben den Schweinebereich so abgesteckt, dass sie vor, unter und hinter unserem Häuschen herumlaufen können, wie sie Lust haben. Am liebsten würde ich sie einfach völlig ohne Gitter laufen lassen. Das wäre allerdings nicht die beste Idee. Ich mache mir keine Sorgen, dass die Fellnasen abhauen, obwohl sie das vielleicht auch tun würden, vielmehr würde ich sie damit zu frei laufendem Fressen machen. Bei den Hühnern und Schweinchen hören unsere tierischen Nachbarn nämlich nicht auf.

Da wäre noch Timmy, die Katze. Eigentlich heißt sie anders. Carsten und ich kannten ihren Namen anfangs allerdings nicht und tauften sie kurzerhand nach einem der Charaktere aus »South Park«. Sie gehört eigentlich dem Besitzer des Hofs und ist eben die klassische Katzendame mit leichtem Gottkomplex. Wenn ihr langweilig ist, kommt sie bei uns vorbei, um gestreichelt zu werden oder etwas zu fressen abzugreifen. Manchmal miaut sie morgens schon vor der Tür, ganz in der Art: »Ey ihr lahmen Lakaien, eure Herrscherin ist da, macht die Tür auf, und gebt mir Futter.« Ich finde sie ganz witzig. Aber sie ist natürlich auch ein Grund, weswegen ich sehr froh um das Gitter um die Schweinchen herum bin. Aktuell schaut sie sich die Meerschweinchen halb gelangweilt, halb interessiert an, Katzen-Style eben, macht aber nichts. So darf es gerne bleiben. Damit wäre die Bedrohung auf der Erde erst einmal außen vor. Na ja, ein paar Füchse laufen hier nachts bestimmt auch durch die Gegend.

Bleibt noch die Luft. Schon an einem unserer ersten Abende auf dem Hof konnten wir ihn rufen hören: Den Kauz auf dem Heuboden der Scheune. Großartig! Unser Tiny House war noch weit von bewohnbar entfernt, wir saßen gemütlich am Bulli und aßen zu Abend, da hu-huht es uns von oben an. Mit unseren Stullen halb im Mund, halb in der Hand versuchen wir, die Quelle des Geräuschs auszumachen. Und da, direkt im offenen Dreieck des Dachgiebels, sitzt der dicke Kauz und blickt in der Gegend herum. Er hu-huht und schaut noch ein bisschen um sich, bis er genug gesehen hat und mit weiten Flügeln abhebt. Zeit zum Abendessen. Unsere Schweinchen werden es hoffentlich nicht, mein Lieber, such dir mal lieber ein paar Mäuse, die gibt es hier nämlich mehr als genug.

Zu einer wichtigen Erkenntnis zum Thema Landleben mit Tieren gelange ich kurz nachdem die Küche im Tiny House fertig wird. Frohen Mutes schnappe ich mir die im Ponystall zwischengelagerten Kartons. Neben Geschirr und anderem Equipment habe ich, wie bei all meinen anderen Umzügen, auch haltbare Lebensmittel in Kartons gepackt und diese in den Stall gestellt. Mehl, Linsen, Couscous, Kichererbsen, Nudeln, Tee und dergleichen. Im Ponystall ist es trocken, dachte ich. Das ist doch perfekt. Es war auch trocken. Aber auch schon bewohnt. Ich öffne den ersten Karton mit Lebensmitteln und sehe: angefressene Tüten, Köttel und ein Loch an der Ecke des Kartons. Diese neugierigen Mäusebiester haben jede einzelne Tüte aufgebissen und zumindest mal reingeschaut. Ich habe nicht den Eindruck, dass sie von den meistens Lebensmitteln überhaupt etwas gefressen haben. Aber es könnte ja was Leckeres drin sein, mal reinschauen, ein paar Geschenke zurücklassen und zur nächsten Tüte wandern. Mein Herz blutet. Kilo um Kilo werfe ich das Essen in den Müll. Reminder an mich: Nichts Essbares in schlecht versiegelten Ponyställen auf dem Land lagern. Im gleichen Atemzug könnte ich gleich einen zweiten Reminder festhalten: Niemals irgendetwas mit Kabeln in schlecht versiegelten Ponyställen auf dem Land lagern.

Endlich ist der Tag gekommen, an dem Carsten und ich unseren alten Kühlschrank wieder anschließen. Monatelang hatten wir nur die kleine Campingkühlbox, die wir vor die Tür stellten, um zumindest ein paar frische Lebensmittel lagern zu können. So ein richtiger Kühlschrank ist da einfach entspannter. Ich muss nicht ständig alles herausräumen, wenn ich an etwas von unten heranwill. Außerdem habe ich ein bisschen Platz, um auch einen größeren Einkauf unterzubringen. Im Winter mag das alles bis zu einem gewissen Grad funktionieren. Einfach vor die Tür stellen und die Witterung machen lassen. Aber im Sommer oder schon im Frühling wird es schwierig. Den Kühlschrank hatten wir zunächst auch im Ponystall gelagert, da wir einfach noch keinen Platz auf unserer Baustelle hatten. Aber jetzt ist es so weit. Gemeinsam tragen Carsten und ich den Apparat aus dem Stall hinein in die Küche. Stecker rein und – nichts. Och komm, ist jetzt auch noch der blöde Kühlschrank kaputt? Das kann doch nicht sein! Glücklicherweise haben wir uns angewöhnt, bei solchen Dingen nicht sofort den Reparaturdienst zu rufen oder gar ein neues Gerät zu kaufen. Ich drehe den Kühlschrank um, und es wird ziemlich schnell klar: Aha, ein Kabel ist durchgebissen. Unsere spitznasigen, nagenden Freunde. Carsten schnappt sich ein isoliertes Kupferkabel und klemmt es dazwischen, um die rausgenagte Lücke zu überbrücken. Stecker wieder rein und Tadaaa! Licht brennt, Kompressor läuft, alles ist bestens. Diesmal sind wir noch einigermaßen entspannt davongekommen. Aber die Mäuse sind auf Krieg aus und planen bereits den Gegenschlag.

Ich stehe in der Küche und mache mir etwas zu essen. Ich erwähnte es bereits: Das alltägliche Kochen ist keine Leidenschaft von mir. Die Leute tun immer so, als sei das etwas kulturell Erhabenes. So ein Unsinn, es ist auch nur Hausarbeit! Mit dem Kochen allein ist es ja nicht getan. Erst einkaufen, dann vorbereiten, kochen, braten, backen und dann das ganze Chaos wieder sauber machen und wegräumen. Manchmal hätte ich wirklich gerne einen Haushälter, das wär schon was. Bis es so weit ist, schmeiße ich einfach nur schnell einen Grillkäse in die Pfanne und lasse es damit gut sein. Ich stupse gerade gelangweilt meine baldige Mahlzeit an, als ich etwas knuspern höre. Okay, was ist das jetzt wieder? Ich nehme die Pfanne von der Herdplatte, damit das Brutzeln aufhört und ich besser hören kann. Da, schon wieder! Ich bin zwar ein Stadtmensch, aber dieses Geräusch kenne ich. Mäuse. Mist. Das ist nicht so gut. Ich schreibe Carsten eine WhatsApp: »Du, ich glaube, wir haben Mäuse in der Wand.« »*dieser Smiley, der so mega erschrocken schaut* Fuck! Meinst du echt?« »Ich bin ziemlich sicher, dass ich es nagen höre.« »*dieser Smiley, der die Augen nach oben verdreht* Na toll …«

Erst einmal tun wir, was in so einer Situation auf den

ersten Blick am praktischsten erscheint: Wir ignorieren es. In den nächsten zwei oder drei Wochen höre ich nur ab und zu das Nagen aus der Wand. Aber was macht schon eine Maus in unserer Wand? Heute bin ich schlauer, aber das Leben ist ja ein Lernprozess.

Ich sitze mal wieder in meinem ultimativen Chill-/Arbeits-/Snacksessel. Wieder mit dem Laptop zum Arbeiten auf dem Schoß. Aufgrund meiner einzigartigen Konzentrationsfähigkeit wandert mein Blick umher, und ich sehe etwas unter den Schuhschrank huschen. Da sehe ich ihn zum ersten Mal. Oder vielleicht auch sie. So genau habe ich das nicht geprüft. Runde Öhrchen, flauschig, Schwanz. Ich taufe sie Feivel, vom Mäusewanderer. Ich mache, was jeder Mensch in meinem Alter tun würde: Handy zücken und Filmchen drehen. Ich schicke das Video an Carsten. »Schau mal, Feivel, unser neuer Mitbewohner *dieser Smiley mit den roten Bäckchen*« Ich muss dazu sagen, Carsten ist absolut kein Fan von Mäusen und Ratten. Er findet ihre Schwänze einfach nur ekelhaft. Chinchillas gingen, sagt er, da seien die Schwänze ja behaart. Aber diese nackten von Ratten und Mäusen, buhuäää, nicht seins. Trotzdem schreibt er, Feivel sähe echt aus wie eine Klischee-Mickey-Mouse. Ich finde das alles noch irgendwie lustig, denke nicht großartig darüber nach. Es geht sogar so weit, dass ich der Maus helfe. Eines Tages sehe ich sie, wie sie sich zwischen Wand und Kabelschacht eingeklemmt hat. Was soll ich denn da bitte machen? Sie einfach erschlagen? Oder auf sie drauftreten? Das schaffe ich nicht. Also hole ich mir einen Löffel und heble damit den Kabelschacht ein wenig auf, damit sie freikommt. Man mag drüber streiten, ich weiß. Aber dieses flauschige Fell, das spitze Näschen und die schwarzen Knopfaugen, die sind schon einfach putzig. Bis sie dann eine Familie gründen. Genau das passiert. Meine Naivität rächt sich, und ich bekomme mit, wie schnell sich so eine Maus vermehren kann. Irgendwann sehe ich nicht mehr nur eine Maus durch die Küche huschen, sondern zwei. Dann entdecke ich Mäuseköttel in einem der Schränke, später auf dem Tresen hinter der Dokumentenablage. Später dann wirklich überall. Es ist längst nicht mehr nur der eine Feivel, sondern eine ganze Feivel-Bande. Ich habe komplett unterschätzt, wie schnell Mäuse alles einnehmen können. Ich renne in den Baumarkt und besorge mir eine Lebendfalle. Nur weil ich sie aus meinem Zuhause raushaben will, muss ich sie ja nicht gleich killen. Es ist nur ein kleiner Baumarkt, die Auswahl hält sich in Grenzen. Ich nehme, was ich kriegen kann. Das bedeutet, eine Falle, die aussieht, als hätte man einen halben Drahtball auf ein Holzbrettchen geklebt. Die Idee ist: Köder rein, Maus hinterher. Da steckt sie dann fest. So weit, so gut. Ich stelle die Falle auf, und zwei Stunden später sitzt auch tatsächlich eine Maus darin. Juhuu, denke ich mir. Das läuft doch. Ich gehe mit Feivel zum Waldrand und setze ihn dort aus. Haben Mäuse eigentlich einen guten Orientierungssinn? Ab wann finden sie nicht wieder zurück? Die leere Falle stelle ich mit einem neuen Köder wieder zurück. Ich fange mit Käse an. Mag vielleicht ein Klischee sein, aber offenbar stehen sie ja drauf. Ein paar Stunden später sehe ich wieder bei der Falle vorbei. Sie ist leer. Ich meine so richtig leer. Weder eine Maus noch der Köder. Wie geht das denn? Vielleicht war es eine extrem kleine Maus, die sich durch das Gitter geschlängelt hat? Ich versuche es wieder, Käse rein und los. Wieder der gleiche Effekt. Keine Maus, kein Köder. So langsam frage ich mich, ob diese Fallen vom Mäusekartell vertrieben werden. Das ist ja eher ein Futtertrog als eine Falle. So kann es nicht weitergehen. Eine vernünftige Falle muss her. Aber erst in zwei Wochen. Wir haben nämlich ab morgen Urlaub und wollen mit dem Bulli einfach mal ein bisschen wild drauflos fahren, ohne Plan. Das Mäuseproblem ist Mist, muss aber warten. Dafür verschieben wir unsere Reise nicht.

Zwei Wochen später schließt Carsten die Tür auf, und wir treten ein. Ein spezieller Geruch empfängt uns. Die Mäuschen waren fleißig. Offenbar sind es noch mehr, als wir befürchtet haben. Nun ist hier Schluss im Bus, Freunde! Gerade noch kann ich Carsten davon abhalten, Todesfallen zu kaufen. Ihm schwillt der Kamm. Ich gehe noch mal los und hole neue Lebendfallen. Diesmal ohne Metallgitter, sondern mit geschlossenen Röhren. Ich werde euch fangen, und wenn es das Letzte ist, was ich tue! Muhahaha! Es herrscht Krieg. Die neuen Fallen funktionieren, zum Glück! Ich habe gleich zwei besorgt. Der neue Köder-Clou: Snickers. Da rasten die Mäuse völlig aus, kann ich nur empfehlen. Jeden Tag trage ich mindestens eine Maus aus dem Haus. Manchmal sitzen sogar mehrere in einer Falle. Jackpot! Etwa zwei Wochen geht dieses Spielchen so, bis eines Morgens keine Maus mehr in der Falle sitzt. Und auch am darauffolgenden Tag bleibt sie leer. Ich warte noch ein wenig, bevor ich mich freue. Nach einer mäusefreien Woche atme ich erleichtert auf. Endlich sind unsere Mitbewohner ausgezogen! Ich verbringe erst einmal einige Stunden damit, jedes einzelne Eckchen gründlich zu putzen. Mäuse haben echt keine Manieren. Die Stelle, an der Feivel ursprünglich hereinkam, haben wir inzwischen abgedichtet. Mal sehen, ob er noch eine neue findet. Die Schlacht habe ich gewonnen, der Krieg geht weiter.

Wenn uns die Mäuse nicht ans Leder wollen, so finden sich andere haarige oder federige Gesellen mit Potenzial. Als wir mit unserem Bauwagen auf den Hof kommen, treffen wir auf Frieda und Wilhelm. Die Gänse. Viele mögen Gänse. Ich habe bereits davon gehört. Für mich sind das Mutantenenten, und ich finde sie so gruselig wie Schwäne. Okay, das ist ein bisschen übertrieben. Jeder weiß, dass Schwäne noch viel fieser sind. Wie die schon gucken. Brutal. Zurück zu Frieda und Wilhelm. Sie bewohnen einen Auslauf direkt hinter unserem Haus und haben offensichtlich kein Interesse an neuen Nachbarn. Jedes Mal, wenn wir uns ihnen nähern, um etwas zu werkeln, fauchen sie uns an oder quaken laut drauflos. Am Anfang hoffe ich auf gute Nachbarschaft, das wird schon werden. Vielleicht entdecke ich ja, wie bei den Meerschweinchen, auf einmal meine Liebe zu den Mutantenenten. Aber Pustekuchen. Die Wochen ziehen ins Land, und die beiden Quaknasen halten immer noch nicht viel von uns. Irgendwann gibt sich Katharina, die Besitzerin der beiden, einen Ruck und verlegt das Gehege ans andere Ende des Hofs. Aber eigentlich wäre es ja auch schön, wenn die Gänse ganz in Ruhe und ohne Gehege, wie die Hühner, frei über das Gelände laufen könnten. Vielleicht werden sie dann auch ruhiger, weil sie abhauen können, wenn sie keine Lust auf Gesellschaft haben. Gesagt, getan. Ab sofort haben wir frei laufende Gänse. Wilhelm sieht seine Chance. Anstatt zu chillen, geht er auf die Jagd – nach Menschen. Er ist dabei besonders hinterlistig. Nicht nur müssen wir aufpassen, dass wir ihm nicht zu nahe kommen, wir müssen auch immer mit einem Blick über die Schulter auf dem Hof unterwegs sein. Wilhelms besondere Spezialität: Warten, bis ein Mensch an ihm vorbeigelaufen ist, und dann hinter ihm her. Zack! Einmal mit Schmackes in die Wade beißen. Jetzt weiß ich, wo der Begriff Wadenbeißer herkommt. Ich bewaffne mich schon immer mit einem von Carstens Langstöcken, bevor ich über den Hof zum Haupthaus gehe. Sicher ist sicher. Doch Wilhelm macht sich immer mehr Feinde. Das ist taktisch unklug. Katharina entscheidet, den aggressiven Ganter zu verkaufen. Frieda geht mit, damit er nicht alleine bleiben muss. Danach kommen neue Gänse auf den Hof. Sie sind fast halb so groß wie die beiden Kampfgänse und haben kein Interesse an Stress. Sie machen ihr Ding, wir unseres. Wir haben uns von Anfang an auf eine friedliche Koexistenz geeinigt. Die Hühner scheinen sich mit ihren neuen, frei laufenden Kumpanen auch gut zu verstehen. Aber die sind auch hart im Nehmen. Sie haben nämlich auch Zuwachs bekommen: einen Hahn.

Für mich als Stadtmensch ist das morgendliche Kikeriki eines Hahns der typischste Land-Sound, den ich mir vorstellen kann. Ich fand das immer ganz nett, irgendwie idyllisch, Bauernhofromantik eben. Jetzt lebe ich selbst auf dem Land, in einem Tiny House aus Holz. Und das bedeutet auch, dass die Wände Geräusche von außen nicht so abschotten, wie es in Betonwohnungen der Fall ist. Ich habe früher in Hamburg natürlich auch Straßengeräusche gehört. Das Rauschen der vorbeifahrenden Autos, die Sirenen der Polizei oder von Krankenwägen, die besoffenen Mittzwanziger, die gerade vom Kiez nach Hause kamen, oder das Signalhorn eines Kreuzfahrtschiffs. Mit Romantik hatte das nicht so viel zu tun. Dennoch waren die Geräusche ein wenig gedämpft. Dreifachverglaste Fenster, Beton, Klinker – das hält schon gut was ab. Heute ist unser Schlafzimmer von zwei Holzschichten umgeben, in deren

Mitte als Isolierung Thermojute steckt. Wärme und Kälte lassen sich damit ganz gut in den Griff bekommen. Geräusche eher weniger. Es ist fast so, als wüsste der Hahn das. Und als wüsste er auch ganz genau, wo wir schlafen. Unter dem Fenster unseres Lofts ist ein alter Komposthaufen, den wir bereits zu Beginn des Baus mit Erde abgedeckt haben, damit uns der Geruch nicht vor der Kälte umbringt. Weil so ein Hahn ja nicht irgendjemand ist, sondern der Chef vom Hühnerhaufen, muss er natürlich auch ein wenig erhöht stehen, damit seine goldene Engelsstimme voll zur Geltung kommt. Nämlich direkt auf dem Haufen. Um sechs Uhr morgens. Locker zwanzig Minuten lang. Auf dem ganzen Hof kann er rumrennen, wirklich überall, kein Zaun hält ihn, und was macht er? Stellt sich immer direkt unter unser Bett. Ganz ehrlich, die romantische Landidylle, die ich früher mit dem Hahnenschrei verbunden habe, ist inzwischen nicht mehr so ganz aktuell. Glücklicherweise stellte sich heraus, dass Herr Hahn auch gerne die anderen vom Hof mit seinen Gesangseinlagen traktiert. Als wüsste er auch bei ihnen, wo sie schlafen. Jetzt darf er immer erst ab acht Uhr raus. So, du Lauch, das hast du jetzt davon. Glaub mir, hättest du noch länger unter unserem Fenster gestanden, gäbe es bald mal lecker Hahn vom Grill. Die Hühner ärgert er aber leider immer noch. Eines hat bereits einen fast kahlen Popo, weil der Schreihals ständig an ihr herumpickt. Was ist das nur immer mit den männlichen Federtieren hier auf dem Hof? Verrückte Biester.

Verrückte Biester ist ein gutes Stichwort und bringt mich schon zu den nächsten Tieren. Denn wenn es hier etwas hat, dann Platz, Natur und eben Tiere. Sie nerven zwar manchmal, auf der anderen Seite zeigen sie uns aber auch immer mal wieder, wo wir vielleicht am Tiny House nachjustieren müssen. So wie wir nach den Mäusen erst einmal alles untenrum gut abgedichtet haben. Ein neuer Besucher zeigt uns, dass wir auch an den oberen Bereichen noch einmal ranmüssen. Er ist schwarz-gelb gestreift, ziemlich dick und macht beim Fliegen Geräusche wie ein kleiner Helikopter, besonders, wenn er direkt unter unseren Segeln fliegt. Die Rede ist von Nissi, der Hornisse. Nissi umkreist gerade unser Schlafloft und setzt sich dann an einer Stelle ab. Carsten beobachtet das Ganze von draußen und vermutet Ungutes. Er stiefelt rein und klettert die Treppe zum Loft hoch. Jo, hallo Nissi. Sie hat eine Lücke gefunden, durch die sie hindurchkrabbeln konnte und sitzt jetzt genau über unserem Bett. Hornissen sind nicht so aggressiv wie Wespen. Hornissen sind wichtig für das Ökosystem. Hornissen sind toll. Ja, habe ich auch alles schon mal gehört. Das ändert aber nichts an der Tatsache, dass ich mir mit Nissi nicht so gerne das Schlafzimmer teilen will. Baut sie da jetzt ein Nest? Wir wollen es nicht darauf ankommen lassen und schauen uns an. Eigentlich hat keiner von uns Lust, sich der Guten zu nähern. Die werden echt verdammt groß. Aber es hilft ja alles nichts. Carsten schnappt sich ein Glas und ein Brettchen und schleicht sich langsam mit unglücklich verzerrtem Gesicht an Nissi heran. Schnapp. Glück gehabt. Er erwischt Nissi, und ich spurte vor ihm die Treppe runter, um die Tür zu öffnen, damit er sie freilassen kann. Raus. Tür zu. Puh. Das war ja gar nicht so schlimm. Moment, haben wir nicht noch was vergessen? Ja, das merkt Nissi auch gerade. Sie fliegt im Bogen einfach wieder zurück zu der Stelle, an der sie eben schon reingekommen ist. Schwups. Und wieder drin. Ich fange an zu lachen. Das war ja echt eine selten dämliche

Aktion. Hornissen können sich also erinnern, gut zu wissen. Plan B. Carsten klettert von außen die große Holzleiter rauf und dichtet mit einer Tube Acryl alle Schlitze ab, die er finden kann. Für die Wetterfestigkeit ist das vielleicht auch keine so schlechte Maßnahme. Danach ist wieder Fang-die-Hornisse-Zeit. Auch diesmal schnappt sich Carsten den kleinen Helikopter, und auch diesmal fliegt sie geradewegs im Bogen wieder zurück, sobald wir sie an die frische Luft setzen. Nun steht sie aber vor verschlossenen Türen. Unser Schlafzimmer ist wieder sicher. Was man alles tun muss, um seine eigenen vier Wände auch wirklich für sich zu haben.

Doch ich lerne durch unser Leben hier so einiges über die Tierwelt dazu. Beispielsweise über Frösche. Wenn ich früher auf der Straße ein Warndreieck für die Froschwanderungen sah, habe ich mir darüber nie großartig Gedanken gemacht, sondern mich höchstens gefragt, wieso die Leute für ein paar Fröschlein extra Warnschilder aufstellen. Wovor warnen die denn überhaupt? Deutschland und sein Schilderwald eben. Inzwischen sehe ich das anders. Also – nicht das mit dem Schilderwald, sondern das mit den Fröschen.

Es ist Abend. Carsten und ich sitzen in unserem Bulli und sind auf den letzten Metern zu unserem Zuhause. Ich bin erleichtert. Es war ein wirklich langer Tag, und ich will einfach nur noch ins Bett. Noch zwanzig Meter bis zur Einfahrt ins Dorf. Gleich haben wir es geschafft. Da scheint sich auf einmal der Straßenbelag zu lösen und davonzulaufen. Ich steige auf die Bremse. Was zum Henker ist das denn? Wir schauen beide verdutzt nach draußen durch die Scheibe. Ein Meer von Fröschen wabert über den Asphalt. Noch nie habe ich so viele Frösche auf einem Haufen gesehen. Ich bin schlagartig wach. Wow, wie abgefahren! Aber was machen wir denn jetzt? Unaufhörlich kommen Frösche nach, ich kann doch nicht die ganze Nacht hier stehen bleiben und hoffen, dass diese Völkerwanderung irgendwann aufhört. Na gut, tut mir leid, aber ich muss da jetzt durch. Ich warte auf einen Moment, an dem der Strom zwischenzeitlich kurz abnimmt, lege den ersten Gang ein und fahre im Schneckentempo weiter. Ich versuche, so gut wie möglich allen Fröschen im Slalom auszuweichen. Ein unglaubliches Naturschauspiel und endlich eine Erklärung für die Warnschilder. Bei so einer Froschwanderung sind wohl doch mehr als nur ein paar Fröschlein unterwegs. Später retten Carsten und ich als Wiedergutmachung auch noch einen der Hüpfer. In unserem Garten hat Carsten eine Grotte angelegt. Er hat einen großen Blumentopf in die Erde eingebuddelt und davor eine längliche Tonwanne eingelassen. Über den Topf hat er Feldsteine drapiert und damit eine kleine Höhle geschaffen. Darauf stehen ein paar Krüge. Die Idee ist, dass Regenwasser über die Tonwanne in den Topf hineinlaufen kann und wir es mit den Krügen zum Gießen der Pflanzen abschöpfen können. Die Segel hat er so gespannt, dass das Regenwasser tatsächlich direkt an der Stelle der Tonwanne herunterfließt. Gar nicht so doof, der Mann. Eines Tages sehe ich, dass sich das Wasser im Topf bewegt und ein Froschkopf herauslugt. Es liegen ein paar Zentimeter zwischen Wasseroberfläche und dem Rand des Topfes, und ich habe nicht das Gefühl, dass der Frosch es alleine wieder raus schafft. Ich bastle eine kleine Leiter aus Holz und lege sie in das Wasser hinein. Nach wenigen Minuten kommt der Frosch herausgeklettert. Ich lehne mich zurück und genieße meine gute Tat des Tages.

Die Nähe zum Wald bedeutet für uns aber nicht nur Amphibien, sondern auch jede Menge Wild. Ich musste neulich richtig lachen, als mir jemand erzählte, man sähe ja kaum noch Rehe. Echt nicht? Wir sind diesen Sommer viel draußen spazieren gewesen, um unsere neue Heimat zu erkunden. Fast jedes Mal schreckte am Feld- oder Wegesrand irgendwann ein Reh auf und hüpfte davon. Selbst, wenn wir uns gar nicht bewegen, sehe ich am laufenden Band Rehe aus meinem Wohnzimmerfenster. Wir wohnen schließlich direkt an einem Feld, das wiederum an einen Wald anschließt. Da gibt es reichlich zu sehen. Nicht nur Rehe.

Carsten und ich machen einen kleinen Ausflug mit dem Bulli, um die Region, unsere Nachbarschaft, weiter zu erforschen und das Landleben in vollen Zügen zu genießen. Langsam fängt es an zu dämmern, und wir machen uns auf die Suche nach einem Platz für die Nacht. Natürlich campen wir nicht einfach wild im Wald, das ist ja schließlich verboten. Wo kämen wir denn da hin? Also sagen wir einfach, wir finden einen ausgesprochen naturbelassenen Campingplatz und richten uns dort gemütlich ein, während das letzte Tageslicht langsam schwindet. Bevor es Zeit zum Schlafen ist, ruft noch einmal die Natur nach mir, und ich öffne die Heckklappe auf der Suche nach dem perfekten Busch. Ich halte inne, immer noch mit der Hand am Innengriff des Hecks. Was ist denn das da hinten? Was machen denn die Schafe da im Wald? »Carsten, schau mal, siehst du die Tiere da hinten? Sind das Schafe?« Carsten erhebt sich ein Stück vom Bett und sieht nach draußen. »Ach Quatsch, Schafe. Das sind Rehe, du Eumel.« »Bist du sicher? Das sind aber ganz schön kleine, dicke und schwarze Rehe.« Wir sehen beide genauer hin, und langsam dämmert es uns. Wildschweine! Wow! Bisher habe ich Wildschweine noch nie in freier Wildbahn gesehen, immer nur in Wildgehegen. Es ist schon etwas anders, sie jetzt in der Natur zu beobachten, gerade einmal dreißig Meter von uns entfernt. Ich kann zwei erwachsene Schweine sehen. Das sind wohl Mama und Papa. Zwischen ihnen wuseln eine Handvoll Frischlinge umher. Wie süß! Moment. Heißt es nicht immer, wenn Wildschweine Junge haben, sollte man ihnen auf gar keinen Fall zu nahe kommen? In dem Moment hebt eines der beiden Elterntiere den Kopf und blickt in unsere Richtung. Schlagartig bekomme ich Panik. Können Wildschweine eigentlich springen? Rennt der Keiler jetzt zu uns, hüpft in den Bulli hinein und spießt uns auf? Aaaaah! Völlig kopflos versuche ich schnell, die Heckklappe wieder zu schließen. »Carsten!! Jetzt hilf mir doch mal! Ich krieg die Klappe nicht zu. Schnell! Die kommen bestimmt gleich angerannt!« In solchen Momenten ist auf Carsten völlig Verlass. Ich drehe mich um und sehe, wie er sich wiehernd vor Lachen auf dem Bett kringelt. »Jetzt lach nicht! Das ist ernst!« Er lacht nur noch lauter. Endlich schaffe ich es, die Heckklappe auch alleine zu schließen und lasse mich erschöpft aufs Bett fallen. Ich hebe meinen Kopf ein wenig und spähe nach draußen. Die Schweine haben meine Aktion ziemlich gelassen beobachtet und laufen nun gemeinsam wieder zurück in den Wald. Die Hollywood-reife Actionszene findet ein abruptes Ende. Carsten lacht noch immer. Ich schmolle und boxe ihn in die Seite. »Haha. Okay, war vielleicht ein winziges bisschen überzogen ...« Das wäre in der Stadt nicht passiert. Na ja, vermutlich wären sie da als Problemschweine direkt erschossen worden. Nachdem ich mich wieder etwas beruhigt habe und

Zeit zum Reflektieren hatte, könnte ich mich in den Hintern beißen. Wäre ich einfach ruhig geblieben, hätte ich dieses wundervolle Schauspiel genießen können. Eine ganze Familie Wildschweine in freier Wildbahn beobachten. Schon einfach unglaublich faszinierend. Bedenkt man dann noch mein leichtes Faible für Schweine jeglicher Art, ist es im Grunde wie ein Geschenk gewesen. Beim nächsten Mal bin ich schlauer. Andererseits habe ich das mal gegoogelt. Anscheinend können Wildschweine über einen Meter hoch springen. Ich halte also fest, dass meine kopflose Panik auf jeden Fall völlig berechtigt war. So ein bisschen. Vielleicht. Hm.

Wer jetzt denkt, Carsten geht mit den Tierkontakten, die wir hier regelmäßig erfahren, immer völlig gelassen um, der hat noch nicht von seiner Begegnung der schwarz-weißen Art gehört. Da Carsten keinen Führerschein hat, ist er hier auf dem Land die meiste Zeit mit dem Fahrrad unterwegs. Ja, es ist also möglich, auch ohne Auto auf dem Land zu leben. Ich gebe zu, völlig ohne ist es nicht und auf jeden Fall eine ganz gewaltige Herausforderung, aber nicht unmöglich. Carsten beweist das jeden Tag aufs Neue. Allein zu seiner Praxis auf dem Land fährt er siebzehn Kilometer – eine Strecke. Bis zu seinem Handballtraining sind es zwanzig Kilometer, dann zwei Stunden Training und wieder zwanzig Kilometer zurück. Wir brauchen jetzt nicht darüber zu diskutieren, dass er, um das zu stemmen, natürlich eine gesunde Ausdauer braucht. Allerdings wurde ihm diese auch nicht geschenkt. Über die Monate hat er sie sich durch das viele Fahrradfahren aber fast wie von selbst angeeignet. Er bestärkt dadurch meine Meinung: Wenn man etwas wirklich will, dann kann man es auch möglich machen.

Eines Abends radelt er gerade durch unser Nachbardorf auf den letzten Metern des Nachhausewegs. Da läuft vor ihm etwas über die Straße. Er bremst und bleibt stehen. Es ist schon recht dunkel, und er sieht erst auf den zweiten Blick, was es ist. Ein Dachs! Boah! Vielleicht ist das für einen Landmenschen ja völliger Standard, aber als Carsten mir das erzählt, bin ich ziemlich neidisch. Ich würde so gern mal einen Dachs sehen. Hab ich noch nie. Carsten sieht den Dachs an, der Dachs sieht Carsten an. High Noon im Wendland. Der Blick des Dachses sagt: »Ey, willste Stress?« Carstens Blick sagt: »Och nö, bitte geh weiter. Bitte?« Der Dachs erkennt, er hat die mentale Schlacht gewonnen. Er wendet seinen Blick ab, überquert die Straße und verschwindet im Gebüsch. Carsten atmet erleichtert aus. So ein Dachs ist schon eine Ansage. Gar nicht mal so klein, die Viecher. Insgesamt können die anscheinend mit Schwanz etwas über einen Meter lang werden und haben fiese Zähne. Mit denen würde ich mich auch nicht anlegen. Bisher hat sich noch keiner in unseren Garten verirrt. Vielleicht kommt das ja noch.

Was in unserem Fall aber ständig vorkommt, sind Begegnungen mit ein paar anderen Vierbeinern. Das Dorf, in dem wir nun wohnen, besteht zu nahezu vierzig Prozent aus einem Reiterhof. Das Leben ist hier eben sehr wohl ein Ponyhof, könnte man sagen. Das Wendland ist bei Reitenthusiasten offenbar sehr beliebt. Ich selbst kann mit den Tieren, zumindest zum Reiten, nicht so viel anfangen und halte es da eher mit Sherlock Holmes: Sie sind an beiden Enden gefährlich und in der Mitte durchtrieben. Zwergponys finde ich gut. Die sind klein und dick. Das mag ich. Große Pferde? Ein winziges bisschen Angst einflößend. Nachdem das Feld, an dem wir wohnen, abgeerntet worden ist, sind die Reitgruppen gern an unserem Wohnzimmerfenster vorbei in den Wald gedonnert. So ein Tiny House auf Rädern wackelt dabei ganz gut. Und es ist durchaus eindrucksvoll, wenn so eine Kolonne direkt an einem vorbeibraust. Ich musste auch schon mal während eines Telefonats spontan loslachen. Auf der Straße, vierzig Meter von unserem Haus entfernt, lief tatsächlich ein Zwergpony vorbei. Darauf saß ein kleiner Junge mit einem bunten Helm. Großartig. Als wäre jemand mit einem Schrumpfstrahler unterwegs gewesen. Ich weiß, ich bin leicht zu amüsieren. Bald werden die Reiterhorden vom Hof gegenüber allerdings nicht mehr an uns vorbeidonnern können. Wo jetzt noch der Acker ist, wird eine Weide hinkommen. Katharina vom Hof steht nämlich nicht nur auf Hühner und Gänse. Sie liebt auch Pferde, und ihr Mann hat es mit Eseln. Da der Acker zum Grund des Hofs gehört, werden sie sich ein Stück davon abzwacken und ein paar Tiere daraufstellen. Ich finde die Vorstellung unglaublich perfekt. Wenn dieses Projekt einmal abgeschlossen ist, dann stehen wir genau zwischen den großen Eichen und der Scheune mit dem Kauz auf der einen Seite und einer Weide mit Pferden und Eseln auf der anderen. Und ich weiß ganz genau, dass niemand dieses Areal verbauen und mir die Weite oder Aussicht wegnehmen kann. Es kommen höchstens mal ein paar Tiere vorbei, die unser Tiny House als ihr neues Zuhause ansehen. Aber irgendwas ist ja immer.

Geh doch mal raus zum Spielen!

 Ich stehe auf dem Feld. Ein kühler Wind weht mir um die Nase, und ich blicke zum Horizont. Tiefe Nebelschwaden hängen in der Luft, und die Sonne geht in einem orange-roten Schein hinter den letzten sichtbaren Baumwipfeln auf. Es sieht aus wie ein Caspar-David-Friedrich-Gemälde. Als wären wir einfach direkt in eins hineingezogen. Wann habe ich das letzte Mal einen solchen Sonnenaufgang gesehen? Ich weiß es nicht mehr. Mein Atem dampft in der morgendlichen Kälte. Ich nehme einen Schluck aus meinem Kaffeebecher. Ein letzter Blick, und ich drehe mich wieder zu unserer Baustelle um. Nachdem die Küche fertig war, haben wir erst einmal ein paar Tage mit Kleinigkeiten vertrödelt. Ich brauchte einfach eine kleine Pause von der täglichen Plackerei. Jeder Teilbereich des Tiny Houses ist wie eine neue Baustelle, ein neues Projekt, ein neues Anfangen und Aufraffen für uns. Wir haben es ja auch so konzipiert. Zuerst das Wohnzimmer fertigstellen und den Rest verbarrikadieren. Dann die Küche und das Bad. Und nun, als Letztes, das Schlafloft. Immer noch steht unser Bett im

kleinen Wohnzimmer. Das soll sich ändern. Allerdings steht vom Loft noch nicht mehr als das Gerüst und ein grobes Dach. Wären wir auf Bali, wäre das vielleicht ausreichend. Wir sind aber im Wendland. Ich reibe mir meine schmerzende Hand und streife meine Arbeitshandschuhe über. Zeit, wieder durchzustarten. Glücklicherweise haben wir von Martina aus Trittau so viele Holzpaneele erhalten, dass wir mehr als ausreichend haben, um das Gerüst zu verkleiden. Also dann. Carsten beginnt, ein Paneel nach dem anderen die Holzleiter hochzuschubsen und sie am Gerüst zu befestigen. Er macht sich nicht die Mühe, die Bretter vorher auf die passende Länge zurechtzusägen. Stattdessen bastelt er immer erst eine Wand fertig und sägt anschließend einmal an der Kante des Stützbalkens entlang, der das Ende der Wand markiert. Warum nicht, so geht es auch. Schon vor einer ganzen Weile ist uns aufgefallen, dass wir handwerklich oft nicht so vorgehen, wie es andere machen würden oder wie es »richtig« ist. Es ist erstaunlich, wie viele Menschen zu Profi-Tischlern geworden sind, nur weil sie einmal ein Regal gebaut haben. Jeder möchte uns erklären, wie es geht und was wir machen müssen. Auf die Frage, wieso man es denn so machen müsste, kommt dann meist nur: »Das macht man halt so!« Dann freue ich mich immer ein bisschen. Und ein bisschen traurig werde ich gleichzeitig auch. Wie einfach wäre das Leben für mich, wenn ich nur immer die Klappe halten würde und täte, wie mir geheißen, weil man es eben so macht. Ich glaube, ich hätte viel weniger Stress. Ich müsste gar nicht mehr nachdenken, was für eine Erleichterung. Gut, Schluss mit meinem kleinen Gemecker. Der ein oder andere Hinweis der Ratgeber ist schließlich auch durchaus hilfreich, und wir sind ja nicht vollkommen beratungsresistent. Ein Freund erklärt uns beispielsweise, dass unser Dach mit einer einfachen Bahn Teerpappe nicht ausreichend dicht ist und die Pappe außerdem schnell reißt, wenn irgendetwas darauffällt. Er empfiehlt uns eine Schweißbahn darüber und hat glücklicherweise auch den Brenner, um so etwas zu verlegen. Drei Wände hat Carsten schon fertiggestellt. Uns ist wichtig, dass in jedem Raum mindestens ein Fenster ist. Ausreichend Licht ist die eine Sache, die Möglichkeit zum vernünftigen Lüften die andere. Auf einer Baustelle ein paar Ortschaften weiter haben wir dafür schon ein paar gebrauchte Fenster getrüffelt. Eins ist bereits im Wohnzimmer, das andere in der Küche, jetzt fehlt noch eins im Loft. Ganz ehrlich: Ich weiß bis heute nicht, wie Carsten es gemacht hat. Ich war tagsüber unterwegs, und als ich abends wiederkam, war das Fenster eingebaut. Ein 1,20 Meter hohes und ein Meter breites Teil, doppelt verglast. In fast fünf Meter Höhe. Er hat es komplett alleine gemacht. Das Einzige, was er hatte, war eine kleine Holzleiter. Keine elektrische Hebebühne, kein zweites Paar Hände, nichts. Ich frage mich manchmal, ob er eine Art Hulk als Alter ego in sich trägt. Danach heißt es noch, kurz die Wand links und rechts neben dem Fenster zu schließen, und der Innenausbau kann losgehen. Währenddessen merken wir, dass unser Dach noch eine gehörige Portion Liebe benötigt. Dieser Winter scheint besonders verregnet. Immer wieder rennen wir mit Eimern und Schüsseln durch die Gegend. Hier tropft es noch, ah, da auch. War das gestern auch schon? Wir genießen unsere neue Nähe zur Natur natürlich. Die Sonnenaufgänge, der Wahnsinnssternenhimmel, die frische Luft, der Duft nach Harz in den Wäldern. Das tut der Seele gut. Aber dieses kleine Biest Natur hat natürlich auch seine Tücken. Das Wasser macht uns wochenlang zu schaffen. Immer, wenn wir denken, wir haben alle Stellen abgedichtet, dreht der Wind, legt ein wenig an Stundenkilometern zu, und schon tropft es wieder irgendwo rein.

Der Wind war auch beim Einbau des Kamins eine ordentliche Herausforderung für uns. Am Anfang lief alles gut, und auf einmal zog er nicht mehr. Ständig qualmte uns die Bude voll. Ich befürchtete schon, dass ich einen von diesen Ventilatoraufsätzen für das Rohr kaufen muss, damit sich der Abzug verbessert. Das wäre aber eher eine Notlösung gewesen, schließlich wollten wir nicht immer einfach alles kaufen, wenn mal etwas nicht sofort funktioniert. In den vergangenen Monaten hatten wir auch wieder und wieder erfahren, dass sich mit ein bisschen Kreativität und Motivation viele Probleme lösen lassen. Kaufen, kaufen, kaufen. Aus diesem Teufelskreis wollten wir raus.

Wir haben Glück. Auf einem Hof finden wir ein altes Ofenrohr, das an einigen Stellen Rost angesetzt hat. Aber es ist noch nicht so durch, dass wir uns Sorgen machen müssten. Wir entrosten das Rohr und setzen es auf unser eigenes Ofenrohr oben drauf. Dadurch verlängern wir unseren Schornstein um einen guten Meter, und siehe da: Auf einmal zieht der Kamin wieder super, und unsere Sorgen lösen sich in Luft auf. Sieht jetzt ein wenig verrückt aus mit dem alten Rohraufsatz. Aber es hält und funktioniert, was wollen wir mehr?

Der Wind traktiert allerdings nicht nur unseren Abzug. Auch unser gesamtes Häuschen bietet eine ordentliche Angriffsfläche. Am Feldrand zu stehen ist für die Sonneneinstrahlung und den Ausblick ein echtes Geschenk. Allerdings knallt der Wind auch ungebremst auf die Hinterseite des Wagens. Wenn man nun bedenkt, dass wir auf den ohnehin bereits über drei Meter hohen Wagen noch knapp zwei Meter Loft draufgesetzt haben, ist das nicht gerade aerodynamisch. In den ersten Wochen unseres experimentellen Lebens steht der Wagen ausschließlich auf seinen eigenen Rädern und den schmalen Metallstützen, die im Fahrgestell des Bauwagens verbaut sind. Das ist kein Vergleich zu einem festen Fundament. Am Anfang muss ich mich erst daran gewöhnen, dass alles etwas beweglicher ist. Zeitweise wird mir sogar ein wenig mulmig, wenn es richtig stürmt, und der auf den Wagen prallende Wind klingt wie Donnerschlag. Alles wird durchgerüttelt, und ich bete, dass wir stabil gebaut haben und nicht gleich alles über mir wie ein Kartenhaus zusammenfällt. Ich sehe schon vor mir, wie sich die Segel losreißen, die stützenden Stämme durch die Luft jagen und Fenster durchschlagen, während das Loft durch das Dach bricht und ein klaffendes Loch hinterlässt. Klingt albern und übertrieben? Wir reden hier von richtig heftigen Stürmen, die toben. Wie das Orkantief Friederike mit Sturmböen bis zu rund einhundertfünfzig Stundenkilometer in der Nacht, als Carsten noch zu Beginn der Bauzeit im offenen Wagen schlafen musste. Auch im Verlauf der kommenden Monate sollte es immer mal wieder heftig stürmen. Und das bei einem mindestens dreißig Jahre alten Bauwagen – unserem ersten größeren Bauprojekt, bei dem wir zwar mit bestem Wissen und Gewissen, aber doch auch mit Trial-and-Error vorgehen. Als wir endlich mal ein bisschen Zeit haben, packen wir zusätzliche Stützen unter das Gestell. Baumstämme und ein paar Steinplatten sorgen dafür, dass unser kleines Zuhause nicht mehr Samba tanzt, wenn der Wind daraufprallt. Diese zusätzliche Stabilität lässt mich ruhiger schlafen, und bei den nächsten Stürmen bin ich um einiges entspannter. Die Reifen und Achsen werden es uns sicher auch danken, wenn sie nicht ständig diese Dauerbelastung ertragen müssen.

Jetzt bleibt nur noch der Kirschbaum hinter unserem Haus. Wenn es windet, kratzt einer seiner Äste an der Außenhaut, und es klingt, als wollte Freddy Krüger hereinkommen. Ich glaube, ich sollte ihn mal ein wenig zurückschneiden. Die Geräusche aus der Natur sind ohnehin immer wieder spannend. Kleines Quiz: Was donnert wie Hagelschauer auf das Dach? Genau, die herunterfallenden Eicheln. Was macht taptaptap krrrch? Ja, das Eichhörnchen, wie es über die seitlichen Dächer läuft. Was macht pockpockpock? Gut, es können die Hühner sein, aber auch andere Vögel, die die Eicheln am Metallgestell des Wagens aufzuschlagen versuchen. Die Natur lässt sich mit einem Konzept wie dem unseren nicht vollkommen aussperren, aber das wollen wir ja auch gar nicht. Wir wollen nur Stück für Stück die natürlichen Herausforderungen wie Wind und Regen besser in den Griff bekommen.

Das Dach ist jetzt dicht, der Ofen zieht, der Wagen ist gesichert. Nur die Kälte. Die Kälte schleicht sich weiter an, und das Loft ist nach wie vor im Bau. Wir checken keine Wettervorhersagen mehr. Erstens würden sie uns nur stressen, zweitens ist das Wendland ohnehin eine Art magisches Wetterloch. Die Vorhersagen stimmen wirklich so gut wie nie. Irgendetwas ist an dieser Region, das sich nicht vorhersagen lässt. Würden wir die Vorhersage ansehen, dann wüssten wir, dass für die nächste Woche bis zu minus zwanzig Grad angesagt sind. Wir wissen es nicht und bauen einfach weiter. Ist vielleicht besser so.

Hamburg-Tag. Carsten und ich sitzen im Auto. Die Heizung läuft auf Hochtouren, und ich bin schon froh, dass unser Diesel heute Morgen überhaupt angesprungen ist. Ja, unser Bulli ist ein Diesel. Bitte keine Diskussion, mir wäre ein abgasfreies Zaubermobil auch lieber, aber die waren gerade ausverkauft. Unser Slow ist fast zwanzig Jahre alt, mein erstes Auto überhaupt, und ich versuche, meine Ökobilanz dadurch zu verbessern, dass ich so gut wie nie irgendwohin fliege. Noch sitzen wir im lauschigen Bulli. Aber der Moment nähert sich, an dem wir aussteigen müssen. Wir waren den ganzen Tag über nicht zu Hause. Das bedeutet, das Haus steht seit fast fünfzehn Stunden unbeheizt am Feld bei einer, laut Thermometer im Auto, Außentemperatur von Minus vierzehn Grad. Mir schwant Übles. Als wir aussteigen, kommt uns sofort ein Schwall eiskalte Luft entgegen, die in unseren Lungen beißt. Wir huhuaahen einstimmig fröstelnd, ziehen unsere Mützen tief in die Stirn und gehen zum Eingang des Hauses. Beim Eintreten spüren wir fast keinen Unterschied zu außen. Durch den fehlenden Wind ist es drinnen vielleicht ein klein wenig wärmer. Aber der Unterschied scheint marginal. Ich werde unleidig und will mich einfach nur noch aufwärmen. »Einheizen! Du musst! Ich bin schon mal oben!« Mit diesen liebevollen Worten an meinen Mann verschwinde ich in unser Loft. Einen Tag vor dem Einbruch der Kälte haben wir es fertiggestellt. Was für ein unglaublich gutes Timing. Endlich haben wir ein separates Schlafzimmer und können unser Wohnzimmer auch begehen, anstatt nur auf den Matratzen herumzuspringen. Da wir vor dem Einzug in unseren Bauwagen nur schnell die überlebenswichtigsten Dinge gemacht haben, ist das Wohnzimmer noch sehr rudimentär, als wir endlich das Bett herausnehmen können. Es fühlt sich eigenartig an. Eigentlich war dieser Raum der erste, der einigermaßen nach etwas aussah. Selbst ohne Feinschliff war ich stolz auf unser Werk. Zweieinhalb Monate lang haben wir in dem zehn Quadratmeter großen Raum gelebt, geschlafen, gegessen, gearbeitet. Jetzt habe ich mit dem Loft das Gefühl, auf einmal unendlich viel Platz zu haben. Es fühlt sich gar nicht mehr tiny an. Die Wände im Wohnzimmer bekommen einen ordentlichen Farbanstrich, und an der einen oder anderen Stelle justiere ich noch etwas nach. Der Raum zeigt mir auch, welche Erfahrungen ich in den letzten Monaten gesammelt habe. Ich sehe mir an, was ich so alles fabriziert habe, und denke mir: Heute würdest du es anders machen. Besser. Wir bauen ja erst seit ein paar Monaten an unserem Traumhaus, aber dennoch bemerke ich den Lerneffekt. Super.

Während Carsten unten pflichtbewusst den Kamin anwirft, schmeiße ich mich in voller Montur ins Bett und ziehe mir die Decke über den Kopf. Boah, ist das kalt. Alter! Ich bäume mich noch kurz ein letztes Mal auf und fummle hektisch zitternd am Schalter der Heizdecke. An. Alles klar. Schnell wieder unter der Decke verkriechen. Langsam erwärmt sich die Decke, und ich höre ein wenig mit dem Zittern auf. Dann fühle ich es endlich, die Wärme des Kamins steigt nach oben und heizt die Luft im Loft auf. Beim Bau haben wir darauf geachtet, dass der Kamin direkt unter einer kleinen Öffnung steht, die zum Loft führt. Die aufsteigende Wärme kann so ungehindert in unser Schlafzimmer hinein. Im Winter ist das einfach nur der Kracher. Die verbaute Isolation hält so weit ganz passabel, und nach etwa einer halben Stunde heizen haben wir einen kuschelig warmen Raum, in dem sich die Wärme eine Weile hält. Ich schließe die Augen und genieße die Wohligkeit. Nach so einem Kälteschock ist das Gefühl am ehesten mit dem

Nachlassen eines Schmerzes zu vergleichen. Ich bin gleichzeitig erschöpft, und es tut einfach wahnsinnig gut. Langsam schlafe ich ein und bekomme es schon gar nicht mehr mit, als Carsten schließlich auch ins Bett kommt. Kälte macht egoistisch. Mich zumindest. Am nächsten Morgen wache ich auf und stupse mit meinem Kopf an Carstens Oberarm. Klares Zeichen dafür, dass er seinen Arm zum Ankuscheln öffnen soll. Er tut brav, wie ihm geheißen, und ich kann mich an ihn ranschmusen. »Sorry wegen gestern Abend. Mir war so kalt.« Er küsst mich auf den Kopf und streichelt mich. Na ja, er kennt mich halt. Unter der Decke ist es noch schön warm, aber als sie aus Versehen ein wenig verrutscht und einer meiner Füße nach draußen lugt, merke ich, dass der Kamin inzwischen ausgegangen ist. Der Raum ist gut heruntergekühlt. Kein Vergleich zu gestern Abend, als wir aus Hamburg zurückkamen, aber angenehm ist es nicht. Wir machen es schon immer so, dass wir vor dem Zu-Bett-Gehen noch ein Stück Kohle in den Kamin legen, damit er länger glüht und Wärme abgibt, wenn wir schon schlafen. Aber irgendwann ist auch damit Schluss, und die Kälte setzt sich wieder durch. Wir entscheiden: Es wird Zeit für ein ergänzendes Heizsystem. Es verbraucht zwar eine ganze Menge Strom, aber vor einigen Monaten haben wir einen kleinen Heizlüfter getrüffelt, den man normalerweise im Badezimmer anbringen würde. Wir brechen ein weiteres Mal mit unserer »Nix-Neu-Kaufen«-Richtlinie und besorgen uns im Baumarkt einen Temperaturfühler. Das Gerät stellen wir so ein, dass der Heizlüfter ab einer Temperatur von unter fünfzehn Grad anspringt und so lange läuft, bis einundzwanzig Grad erreicht sind. Den Stromverbrauch ist es uns momentan auf jeden Fall wert, um im Winter morgens nicht in einem stark heruntergekühlten Haus aufzuwachen. Ich verfolge immer wieder die neuesten Entwicklungen im Heizbereich. Ich bin mir sicher, dass wir irgendwann einmal eine innovative Lösung verbauen werden. Bis es so weit ist, tut es unser Kamin-Heizlüfter-Gespann aber. Inzwischen haben wir immerhin auch schon oberhalb des Kamins ein paar Speichersteine verbaut, um die Wärme noch ein wenig länger halten zu können, wenn die Glut erloschen ist.

Ich gebe zu, Minusgrade im zweistelligen Bereich finde ich immer noch nicht besonders charmant. Meine Jahreszeit ist ohnehin der Sommer. Aber es hat sich mit den Monaten auch etwas geändert. Die Kälte und ich stehen seit meinem Lebenswandel nicht mehr so extrem auf Kriegsfuß, wie es einmal war. Im Jahr des Baus halte ich mich so oft und lange draußen auf wie noch in keinem Jahr meines Lebens zuvor. Zwei Dinge passieren dadurch. Erstens merke ich geradezu, wie sich mein Stoffwechsel den neuen Gegebenheiten anpasst. Ich friere viel weniger. Im Büro mit den Kollegen macht es sich besonders bemerkbar. Während meine Tischnachbarin mit Pulli und Schal dasitzt, muss ich mir noch im Top Luft zufächern. Die beheizten, vollständig versiegelten Innenräume sind mir auf einmal viel zu warm. Am liebsten will ich die ganze Zeit bei offenem Fenster dasitzen. Außerdem verliere ich mit den Monaten ein wenig die Angst vor schlechtem Wetter. Na gut, Angst ist vielleicht ein wenig übertrieben. Aber wenn ich früher an einem Sonntag sah, dass es draußen grau ist und vielleicht auch ein bisschen nieselt, dann habe ich mich schon mal eingeigelt und einfach den ganzen Tag das Haus nicht verlassen. Es ist ja schließlich Mistwetter draußen, was soll ich da schon machen? In der Stadt lässt es sich so ja auch ganz entspannt leben. Einfach das aktuelle E-Book im Reader anklicken (ja, sorry, ich liebe diese Dinger. Im Tiny House übrigens auch ausgesprochen platzsparend) und sich was zu essen liefern lassen. Perfetto. Schön den ganzen Tag nicht bewegen und nur zwischen Bad, Küche und Sofa hin- und herpendeln. Inzwischen weiß ich: Das Wetter ist eine Frage der Perspektive, ein bisschen wie ein Spiegeltrick. Von innen sieht das Wetter immer viel schlimmer aus, als es eigentlich ist. Kaum setze ich einen Schritt vor die Tür, ist das graue Nieselwetter gar nicht mehr so schlimm. Ich bin ja beschäftigt. Vielleicht ist das bisschen Regen bei der schweißtreibenden Arbeit sogar ganz angenehm? Ich möchte das an der Stelle noch kurz erwähnen, damit keine Missverständnisse auftreten: Es ist manchmal einfach nur genial, einen Tag zu chillen und sich nur auf den Bewegungsradius der eigenen vier Wände zu beschränken. Am besten noch eine Packung Eis dazu, eine Pizza und eine Ovomaltine, oder Tee, vielleicht mit einem Schuss Licor 43 ... Geil. So lässt es sich leben. Aber eben nur als seltene und dann genussvolle Ausnahme. Als ich noch in Wohnungen gelebt habe, gab es tatsächlich relativ viele Tage, an denen ich die Wohnung nicht verlassen habe. Das Wetter war doof, ich hatte einfach keinen Bock, na ja, vielleicht war ich auch mal ein bisschen verkatert. Inzwischen vergeht kein einziger Tag, an dem ich nicht nach draußen gehe. Das ist der Vorteil an einem kleinen Haus. Der Schritt nach draußen ist einfach ein viel kürzerer. Meine Umgebung gehört jetzt aktiv zu meinem Wohnraum, er hört nicht an der Tür oder an den Fenstern auf. Es ist ein fließender Übergang.

Vor der Haustür ist Freizeitraum, Werkstatt, Schweinegehege und sogar Büro. Bei mildem Wetter setze ich mich gerne mit dem Laptop nach draußen, um zu arbeiten. In meiner Wohnung in Altona hätte ich mich auch auf den Balkon setzen können. Aber dort laufen fünf Meter entfernt ständig Menschen vorbei, Autos fahren hin und her, es ist laut und hektisch. Ich bin wirklich nicht gerade der Arbeiter mit der besten Konzentrationsfähigkeit. Wenn ich etwas schaffen will, muss ich die Ablenkung schon so gering wie möglich halten. Carsten sagt, meine Filter seien defekt. Vielleicht hat er recht. Auf jeden Fall fiel der Balkon für mich aus, wenn ich in Hamburg Home Office machte. Hier auf dem Land ist die Menschen- und Verkehrssituation natürlich beruhigter. Draußen sitzen und trotzdem einigermaßen konzentriert arbeiten gelingt mir hier wesentlich besser. Was mir sehr positiv auffällt, ist die Reaktion meiner Augen. Wenn ich einen Tag im Büro auf den Bildschirm gucke, habe ich abends trockene, manchmal sogar richtig gereizte Augen. Wenn ich dabei jedoch draußen an der Luft bin, kein Problem.

Wenn das Außen kein Büro ist, dann dient es bei uns auch gerne mal als Fitnessstudio. Carsten ist ein ganz gewaltiger Sport-Nerd. Vermutet man vielleicht schon durch seine Fahrradstrecken, das Tai-Chi und die Handballfaszination. Vor allem ist er aber ein kleiner Affe. Er klettert gerne irgendwo rum, springt auf etwas rauf, balanciert über etwas rüber oder zieht sich an etwas hoch. Die große Eiche vor unserem Haus sorgt also nicht nur dafür, dass im Spätsommer hagelschauerartiger Eichelregen über uns herabgeht. Sie ist auch Halterung für Carstens Slackline, seine Turnerringe und seinen Slingtrainer. Sein Gartenbauprojekt avanciert ohnehin immer mehr zum Bootcamp. Er buddelt große Feldsteine aus und verbaut sie mit Ästen in einer Mauer. Die Feldsteine trägt er natürlich als zusätzliches Training. Ich sehe nach draußen und beobachte ihn, wie er verschiedene Reifen vor sich herrollt. Sieht ein bisschen aus wie in auf alt getrimmten Filmen, in denen Kinder Fahrradreifen oder so was mit Stöcken vor sich hertreiben. Da ist noch ein Traktorreifen. Hm, da bräuchte man als Kind schon fast einen Baumstamm zum Treiben. Einen nach dem anderen schichtet Carsten übereinander, bis eine Mauer entsteht. Wieder zieht er los und kommt mit einer Schubkarre zurück. Hinter dem Ponystall schaufelt er mit dem Spaten Erde in die Karre und rollt damit zu den Reifen. Schubkarre für Schubkarre füllt er die Reifentürme, springt darauf und tritt die Erde fest. Alle sind gefüllt. Es ist anscheinend Zeit für Deko. So richtig weiß ich noch nicht, was er da eigentlich treibt. Ich schreibe gerade einen Artikel und blicke nur ab und zu mal nach draußen. Ich lasse ihn mal machen. Sieht nach Spaß aus. Er geht zu den letzten Überresten unseres Materiallagers. Unsere getrüffelte Sammlung hat nahezu perfekt für unseren Bau ausgereicht. Es ist jetzt nur noch ein kleiner Haufen aus Leisten, Brettern und Balken übrig. Er schnappt sich ein paar Bretter und fängt an, sie an die Reifen zu schrauben. Aaah, so langsam kann ich sehen, wie das Ergebnis aussehen soll. Eine kleine, hölzerne Gartenmauer – allerdings sehr stabil, und die Reifen sind nicht mehr zu sehen. Ein Teil ist schon fertig. Carsten legt die Bohrmaschine zur Seite, stellt sich vor die Mauer und grinst. Mit einem Satz springt er auf die Mauer und auf der anderen Seite wieder runter. Ich dachte, es wäre Gartendeko. Vielleicht könnten wir die Reifenmauer sogar ein bisschen bepflanzen. Gerade scheint es aber eher so, als hätte er sich ein Parkour-Hindernis gebaut. Natürlich. Der alte Traceur in Arbeit. Er freut sich gerade sichtlich. Früher ist er für sein Training öfter auch mal in Parks oder auf Spielplätze in der Stadt gegangen. Ich sag's mal so: Ein erwachsener, fremder Mann, der zusammen mit Kindern auf Klettergerüsten turnt, das kommt bei manchen Müttern nicht so wahnsinnig gut an. Selbst in Parks war es schwierig, weil die Leute natürlich immer geschaut haben, was er da so treibt. Er kam sich immer beobachtet vor und konnte sich nie so richtig auf sein Training konzentrieren. Jetzt hat er seinen eigenen Haus-und-Hof-Park, fernab jeglicher Augen, und kann dort tun, was er will. Unser Bereich am hintersten Eck des Bauernhofs erhält von Tag zu Tag immer mehr unseren persönlichen Stempel.

Es ist sogar, als hätten wir unseren privaten Supermarkt direkt vor der Haustür. Die Natur hier auf dem Hof bietet viel Kulinarisches, wie den Freddy-Krüger-Kirschbaum hinter unserem Haus. Jeden Tag sehe ich aus dem Küchenfenster erst die schönen weißen Blüten und schließlich die prallen, reifen Früchte. Dieser Anblick verführt sogar mich zum Häuslich-Werden. Ich pflücke zwei Eimer voller Kirschen, koche sie als Ganzes ein oder mache Saft daraus. Oder der Birnbaum neben unserem Häuschen. Ganz selbstverständlich gehen wir hin, pflücken uns eine Birne und beißen hinein. Wie ein riesiger Obstkorb, nur für uns und auf jeden Fall bio, könnte man sagen. Spritzen tut hier keiner, warum auch. Auch reichlich Apfelbäume, Zwetschgen und Walnüsse tummeln sich auf dem Grundstück. Es ist fast, als wären wir Selbstversorger, ohne dafür etwas tun zu müssen. Hier ist einfach alles da. Als im Mai unser gesamtes Grundstück im leuchtenden Gelb des Löwenzahns erstrahlt, sammle ich einige Blüten ein und koche daraus Löwenzahnhonig. Quasi die Vegetarier-Variante des eigentlichen Bienenhonigs. Auf die Idee wäre ich früher nie gekommen. Hier ist es einfach so naheliegend. Oder anders gesagt: Hier informiere ich mich auf einmal aktiv, was ich mit den Pflanzen auf dem Grundstück alles machen könnte und was für Pflanzen es überhaupt sind. Ich lerne, dass ich aus den Kastanien des Baumes hinter dem Ponystall Waschmittel machen kann. Oder dass das Scharbockskraut neben der Scheune als Salat super schmeckt. Ich lerne die Heilpflanze Gundermann kennen und erfahre, dass sie gegen Lungenschmerzen und Erkältungen helfen kann. Und dieses klebrige Zeug hier. Schon als Kinder haben wir immer mit dem klebrigen Kraut gespielt, das auf dem Boden von Wäldern wächst. Wir spielten Fangen und klebten uns die Ranken gegenseitig an den Rücken, sobald einer den anderen erreichte. Damals wusste ich nicht, dass dieses Klettenlabkraut auch ein Heilkraut ist und beispielsweise zum Detoxen da ist. So geht es immer weiter. Ich habe früher auch Bücher oder Onlineartikel über Kräuter gelesen, allerdings konnte ich die Informationen sehr oft nicht behalten. Was mir fehlte, war der direkte praktische Bezug zu den Pflanzen. Hier sehe ich sie jeden Tag und behalte die Informationen auf einmal wesentlich besser im Kopf. Am Anfang unseres Abenteuers hatte ich diese Informationen aber noch nicht. Was hier kreucht und fleucht, war noch weitestgehend unbekannt für mich.

Es ist schon immer ein kleiner Traum von mir gewesen, ein eigenes Kräuterbeet zu haben. Nachdem wir unser Tiny House so weit fertiggestellt haben, dass ich auch wieder Muße für andere Dinge habe, fange ich an, die Erde vor dem Haus umzugraben. Mein Ziel ist, eine eigene kleine Kräuterapotheke anzulegen. Das war noch, bevor ich um die Zerstörungswut der Hühner wusste. Aus den

Pflänzchen will ich später Tee machen, Öle, Salben, Tinkturen oder auch Bonbons und Gewürzwein. Hildegard von Bingen soll postum vor Neid erblassen, und Carsten soll für seine Heilpraktikertätigkeit eine gute Ausstattung bekommen. Im Pflanzenladen stelle ich mir einen ersten Grundstock zusammen. Baldrian, Mädesüß, Kamille, Spitzwegerich, Beifuß, Herzgespann, Johanniskraut, Wermut und noch ein paar weitere Kräuter. In liebevoller und anstrengender Kleinstarbeit bereite ich den Boden vor, entferne Steine und Wurzeln anderer Pflanzen, fasse das Beet mit Ästen ein und säe aus. Damit ich später auch noch weiß, wo was gesät ist, nehme ich mir ein paar meiner alten Single-Schallplatten und beschrifte sie mit einem weißen Edding. Mit Stöcken fixiere ich die Platten als Namensschilder an den jeweiligen Reihen des Beetes. So stelle ich auch sicher, dass die Kräuter in ausreichendem Abstand gesät sind und genug Platz zum Gedeihen haben. Vor meinem inneren Auge sehe ich schon die üppig blühende Pracht. Mit zwei Dingen habe ich jedoch nicht gerechnet. Die Hühner sind der eine Teil. Der andere ist das Wetter. Herzlich willkommen im zweitheißesten und zweitrockensten Sommer in ungefähr einhundertvierzig Jahren. Ich finde es eigentlich großartig. Monatelang regnet es nicht, und stattdessen haben wir andauernd Temperaturen um die dreißig Grad. Was für ein Segen nach dem anstrengenden, nassen Winter mit seinen Stürmen. Es fühlt sich fast ein bisschen so an, als hätten wir unser Tiny House doch auf Bali gebaut. In meinem ganzen Leben wurde ich noch nie so oft gefragt, ob ich gerade aus dem Urlaub gekommen sei. Mein natürlicher Hautton lässt sich wohl eher als vornehme Blässe beschreiben. Ich gehöre zu den Menschen, die Sommersprossen bekommen, rot werden und sich dann wieder zu ihrem ursprünglichen hellen Käseton zurückschälen. Braun werden? Stand bisher nicht auf meiner Agenda. Ich wusste gar nicht, dass ich das überhaupt kann. Da ich mich nun aber ständig draußen aufhalte, sehe ich, was möglich ist. Was für mich, meine schicke Bräune und meine Seele gut ist, strengt mein Kräuterbeet allerdings etwas an. Wegen der Dauerhitze muss ich die Pflanzen jeden Tag wässern. »Normale« Menschen haben dafür in ihrem Garten eine Sprenkleranlage oder zumindest einen Wasseranschluss mit Gartenschlauch. Was habe ich? Eine kleine Gießkanne und eine einhundertfünfzig Meter entfernte Hofküche mit Waschbecken. Die Regentonne ist schon seit Wochen leer. Um das ganze Beet zu gießen, muss ich fünfmal hin- und herlaufen. Am Anfang finde ich es noch ganz witzig. Kleine Sporteinheit gefällig? Nach ein paar Wochen wird es aber dann doch einfach lästig. Ich gehe nur noch jeden zweiten Tag, dann jeden dritten oder vierten. Was nach der Hühnerattacke übrig geblieben ist, stagniert oder sprießt erst gar nicht. Ich gebe auf. Ein Wasseranschluss muss her, dann können wir weiterreden. Beim nächsten Versuch bin ich allerdings schlauer.

Mit einer Kräuterexpertin aus dem Wendland mache ich eine Tour durch die Region. Sie deutet hierhin und dorthin, erklärt, woran man Wildkräuter in freier Wildbahn erkennt und wofür sie gut sind. Nach dieser Lehreinheit gehe ich viel bewusster durch die Wälder und über die Feldwege in unserer Nachbarschaft. Ich sehe mir genau an, was am Wegesrand oder eben auch auf unserem Grundstück wächst, und merke: Bestimmt achtzig Prozent der Kräuter, die ich so mühsam versucht habe, in meinem Beet zu ziehen, wachsen von ganz alleine in einem Umkreis von vielleicht fünf Kilometern. Die muss ich nicht gießen, nicht düngen oder mich um sie kümmern. Ich kann einfach losgehen und sie pflücken. Wieso ist mir das vorher nicht aufgefallen? Es ist ja nicht so, als wäre mein Interesse an Kräutern erst mit dem Tiny House erwacht. Dennoch hatte ich kein umfassendes Gespür dafür, was unsere heimische Flora von ganz alleine zu bieten hat. Wieder etwas, das ich gelernt habe, seit die Natur für mich nicht mehr nur etwas ist, das ich höchstens mal bei einem größeren Wochenendausflug genießen kann. Anstatt mich weiterhin damit zu beschäftigen, die Gießkanne von A nach B zu schleppen, gehe ich ab sofort mit Beutel und Schere bewaffnet spazieren. Nun habe ich auch meine Kräuterapotheke, wenn auch anders als geplant.

Unsere Bauwagen-Nachbarn haben den Sommer auch genutzt, um Beete anzulegen. Anstatt auf Kräuter haben sie sich auf Gemüse konzentriert. Jetzt wachsen bei ihnen Mangold, Tomaten, Bohnen, Salat, Mais und allerlei anderes Grünzeugs. Ich erinnere mich wieder, was uns beim Projekt Tiny House auf dem Land ein wichtiges Anliegen war: Autarkie. Wir haben zwar nicht den Anspruch, zu einhundert Prozent alles komplett autark zu gestalten, aber doch so gut es geht. Ganz nach unserem Mantra: Jeder kann beitragen, was ihm wichtig und möglich ist, ohne sich dabei selbst zu geißeln. Das Leben soll ja auch ein bisschen Spaß machen. Wenn wir also schon den bösen Diesel fahren, können wir unseren Fußabdruck zumindest an anderer Stelle kleinhalten. Beispielsweise indem wir einen Teil unserer Lebensmittel selbst anbauen und nicht aus Südafrika und Spanien importieren. Ein bisschen lassen wir uns daher von unseren Nachbarn inspirieren und trüffeln noch ein paar Europaletten. Daraus sollten sich doch Hochbeete bauen lassen. Mein grüner Daumen muss aber noch wachsen. In meinen Wohnungen hatte ich am Ende nur noch wenige Arten von Pflanzen wie Efeututen, Elefantenfuß und Yucca-Palme. Denen ist es glücklicherweise eine lange Zeit ziemlich egal, ob man sie gießt oder nicht. Sie machen einfach ihr Ding und wachsen trotzdem weiter. Perfekt für mich. Obwohl ich Pflanzen toll finde, hatte ich bisher einfach keinen Grund, mich groß um sie kümmern. Vielleicht liegt es daran, dass es Zierpflanzen waren. Meine Hoffnung für die Zukunft ist, dass ich Nutzpflanzen als wichtiger ansehe und dadurch motivierter zu Werke gehe. Schließlich bilden sie dann die Grundlage unseres Essensplans. Inzwischen haben wir auch einen Wasserschlauch, der bis zu unserem Grundstück reicht. Meine zweite Hoffnung: Vielleicht entdecke ich dann auch die Magie des Kochens für mich. Ich gebe zu, das ist bisher alles reine Theorie, aber wenn ich an etwas Freude habe, dann daran, Neues kennenzulernen. Ein eigener Gemüsegarten gehört einfach dazu. Und wenn sich dadurch doch kein Kochtrieb einstellt, bekommen die Meerschweinchen halt das Gemüse. Finden die bestimmt okay.

Diesmal weiß ich auch, dass ich das Projekt nicht auf die lange Bank schieben werde. So wie ich es früher in der Stadt getan habe, vor allem als ich noch Vollzeit gearbeitet habe. Immer wieder habe ich mir etwas bei Pinterest oder Instagram gespeichert. Habe Pläne gemacht, was ich nicht alles für kleinere und größere Bau- und Bastelprojekte umsetzen wollte. Wenn ich mal Zeit habe und Lust und Energie. Hatte ich in Kombination aber nie. Also kam ich über das Stadium der Merklisten meist nicht hinaus. Heute sieht es anders aus. Das liegt nicht nur daran, dass ich nun nicht mehr Vollzeit arbeite. Ein ganz wichtiger Aspekt ist die zusätzliche Energie, die ich durch die Natur erhalte. Das klingt jetzt aber ein bisschen esoterisch? Wieso sprechen wir dann immer davon, dass wir mal frische Luft schnappen müssen? Oder dass wir mal wieder Energie in der Natur auftanken müssen? Wieso können wir Vitamin D nur bilden, wenn wir Sonnenstrahlung aufnehmen? Es liegt daran, dass wir nicht dafür gemacht sind, uns so lange und konstant in Innenräumen abseits jeglicher Natur aufzuhalten, wie wir es heute oftmals tun. Es ist schon lustig. Nehmen wir Hühner. Bei ihnen ist es uns extrem wichtig, dass sie freilaufend sind. Keiner will mehr etwas zu tun haben mit diesen Legebatterien, bei denen die Hühner in kürzester Zeit mit Mastfutter auf Gewicht gebracht werden, während sie zusammengepfercht in einer Halle nie das Tageslicht erblicken. Die armen Hühner! Das können wir nicht zulassen. Und bei uns Menschen? Wie ernähren wir uns denn? Wie viele Stunden am Tag verbringen wir überhaupt noch draußen? Unterscheidet uns wirklich noch so viel von den malträtierten Hühnern? Vor allem eins: Wir treffen die Entscheidung selbst, dieses Leben zu führen. Wir haben die Wahl.

Man möge mir diesen leicht überspitzten Vergleich zugunsten des dramaturgischen Effekts verzeihen. Mir zeigt die Nähe zur Natur aber wieder ganz deutlich, welchen Einfluss die Umgebung auf mich hat. Ich werde nicht auf einmal zum nietzscheanischen Übermenschen. Aber ich spüre, wie sich mein Akku auflädt. Und das auch ohne pharmazeutische Unterstützung. Vor meinem Umzug verschrieb mir meine Hausärztin Vitamin-D-Tabletten. Meine Blutwerte würden einen Mangel zeigen. Schluck die mal, dann ist im Winter alles gut. Unser Körper zwingt uns also eigentlich, nach draußen zu gehen. Aber der aufgeklärte

Mensch sagt: Scheiß auf die Natur, ich hab Labore gebaut, die tun es auch.

Jetzt bin ich auch so energiegeladen. Klar gibt es immer mal Tage, an denen ich bocklos bin. Wer hat das nicht? Bäume und Gras machen aus dem Leben noch kein Glücksbärchi-Paradies. Aber ich bin wieder neugierig auf meine Umwelt, habe viel mehr Lust, mich an Neuem zu versuchen, und setze meine Vorhaben inzwischen meist innerhalb weniger Tage um, anstatt erst ewig zu planen und dann doch nichts zu machen.

Wenn ich wie gestern zum Beispiel auf der Müllhalde eines Bauernhofs ein altes, kleines Küchenregal finde, bleibt das Teil nicht lange liegen. Die Farbe ist abgeblättert, und es fällt schon ein bisschen auseinander. Dennoch sieht es niedlich aus, und ich kann mir vorstellen, mit ein bisschen Aufwand daraus wieder etwas Schönes für unsere eigene Küche zu bauen. Schon am nächsten Morgen werde ich hibbelig, schnappe mir Schleifpapier, Akkuschrauber, Säge und Lack und setze meine Idee sofort um. Jetzt hängt es bereits frisch lackiert und fixiert neben unserem Waschbecken und sieht so gar nicht mehr nach Sperrmüll aus.

Sarah ist zu Besuch, und wir sitzen zusammen unter den Segeln in der Sonne. Wir haben gerade gegessen. Bei dem Wetter habe ich natürlich den Grill aufgebaut. Es ist eine völlig neue Erfahrung für mich, nicht erst damit in den nächsten Park marschieren zu müssen oder den Unmut der Nachbarn auf mich zu ziehen, wenn ich ihn auf dem Balkon benutze. Er steht einfach neben unserem Selfmade-Tresen vor der Haustür. Sarah lehnt sich zurück und nimmt einen Schluck von der Schorle mit dem Freddy-Krüger-Kirschsaft. »So langsam kann ich schon verstehen, was dich an diesem Leben reizt. Ich muss ja gestehen, ich habe mir auch schon immer einen eigenen Garten gewünscht. Das ist schon Erholung pur, ein Garten mit richtigem Grün unter den Füßen und nicht nur ein Balkon mit ein paar Töpfen.«»Ich weiß genau, was du meinst. Mir war das früher gar nicht so klar. Ein Kamin war mir immer wichtiger. Einen Garten fand ich auch immer sehr schön, hatte aber Angst, dass es in zu viel Arbeit ausartet. Jetzt ist es, als hätten wir einen Garten, der sich alleine versorgt.«»Nur um die Hochbeete müsstet ihr euch dann kümmern.«»Ja, da hast du recht.« Wir blicken beide zu den Kästen aus Europaletten. Wir haben sie schon zusammengeschraubt, aber bisher sind sie noch leer. Ich muss noch mal in meinen Merklisten auf Pinterest nachsehen. Irgendwo war eine Anleitung, wie man die Hochbeete befüllt. Ich meine mich an Äste, Kompost und Erde zu erinnern. Ja, irgendwie so, in Schichten. Ich weiß, dass ich es tun werde, nicht irgendwann, nicht in ein paar Monaten, sondern vermutlich morgen schon oder zumindest nächste Woche. Die Zeit des reinen Merkens und Redens ist vorbei. Es macht Spaß, wieder zu handeln.

Stadt-Land-Tiny-House

Sarah und ich sitzen nach dem Abendessen noch gemütlich im Garten. »Aber mal Hand aufs Herz«, löchert sie mich weiter. »Es ist ja wirklich sehr idyllisch hier, doch was macht ihr denn abends so? Hier ist ja echt nicht viel los.« Sarah sieht sich demonstrativ um und deutet mit dem Kopf auf das Nichts um uns herum. Und natürlich hat sie nicht unrecht. Aus der Perspektive eines Stadtmenschen gibt es hier wenig Abwechslung. Statt Cafés oder Bars voller ausgehfreudiger Menschen finden sich hier höchstens ein paar Dorfkneipen mit Stammtisch. Knappe zwanzig Kilometer entfernt gibt es ein Kino, und die guten Restaurants in der direkten Umgebung lassen sich entspannt an einer Hand abzählen. Trotzdem bleibe ich gelassen, auf diese Frage bin ich vorbereitet – da ich sie mir vor unserem Umzug selbst oft genug gestellt habe.

»Was machst du denn abends so?«, erwidere ich. »Wann warst du denn zuletzt bei einer Ausstellung, bei einem Konzert oder hast an einem privaten Workshop teilgenommen? Wann warst du das letzte Mal bis morgens um acht tanzen?«

»Na ja«, kommt es zögerlich zurück. »Nach Feierabend

gehe ich manchmal noch einkaufen, und dann bin ich meist zu fertig, um noch großartig auszugehen. Meist sehe ich mir im Fernsehen noch ein bisschen was an.« Sarah stutzt. Ich lächle sie an.»Merkst du was?« Wir fangen gemeinsam an zu lachen.

Ich weiß genau, wie es ihr geht. Ja, die Stadt birgt unendlich viele Möglichkeiten. Besonders eine Großstadt wie Hamburg. Ich könnte wohl jeden Abend etwas anderes unternehmen und wäre damit über Jahre ausgelastet. Aber wie viele Menschen nutzen das Angebot denn wirklich konstant? In meinen Zwanzigern war ich ständig unterwegs und fast keinen Abend zu Hause. Ich hatte richtig Bock auf Stadt, 24/7, immer Vollgas. Party mit Freunden, Konzerte, Essengehen, sich dem bunten Treiben auf der Straße hingeben oder sich im 3D-Kino von irgendwelchen Schmetterlingen aus Alice im Wunderland anspringen lassen. Ich will keinen Tag davon missen und bin sehr froh, in vielen verschiedenen Städten gelebt zu haben. Aber irgendwann ließ meine Neugier nach, und es gab einfach nur noch Arbeit, ob im Büro oder in der Bar. Immer öfter habe ich Verabredungen zugunsten meines Pyjamas platzen lassen. Jetzt noch losgehen? Och nö, lieber mal nachsehen, was es gerade so in der Mediathek zu gucken gibt. Und dann waren da ja noch meine Listen mit den schönen Projekten, die ich theoretisch ganz bald einmal umsetzen wollte. Ich hatte das Gefühl, alles gesehen zu haben, keinen Entdeckergeist mehr in mir. Jeder Laden unterschied sich vom nächsten nur durch kleine Variationen. Hier ein anderes Inventar, dort Spanisch statt Vietnamesisch. Am Ende des Tages war es eben doch nur ein Drink an der Bar oder ein mehr oder weniger liebevoll dekorierter Teller Essen. Brauche ich wirklich immer einen überteuerten

Chai Latte mit Cupcake, um mich mal wieder richtig gut mit einer Freundin unterhalten zu können?

»Städte gehen gar nicht. Die sind hochgradig toxisch, und jeder, der länger in einer Stadt lebt, wird irgendwann automatisch krank.« Das ist Wenzel. Er lebt ebenfalls in einem Bauwagen, schon fast sein ganzes Leben lang. Carsten und ich lernen ihn hier im Wendland auf einem Hoffest kennen und besuchen ihn in seinem Wagen. Schließlich sind wir noch Neulinge in diesem Leben und lassen uns gerne von anderen inspirieren, besonders, wenn sie so viel Erfahrung mitbringen. Wenzel zeigt uns seinen Bauwagen, und wir schnacken dabei. Als er von der toxischen Stadt berichtet, muss ich stutzen. Ich habe mein Leben lang in Städten gewohnt, bin davon aber nie krank geworden. »Ja, wisst ihr, das sind schleichende Gifte, ausgestoßen von dieser ganzen Technikstrahlung. Wenn du das den ganzen Tag immer abbekommst, dann wirst du irgendwann krank. Ganz sicher. Wir sollten uns endlich davon lösen. Diese Handys, die Computer, das Internet, das ist einfach nur ungesund.«

In meiner Hosentasche spüre ich mein jüngst erworbenes High-End-Smartphone regelrecht glühen und vernehme sein bedrohliches Raunen: »Na, hast du dazu etwas zu sagen?« Das zweite Smartphone, das ich für die Arbeit nutze, stimmt auch mit ein: »Er kann uns sehen! Ganz bestimmt!«

Was zwischen Wenzel und mir gerade passiert, soll mir in den nächsten Wochen und Monaten noch öfter begegnen: Ich lebe auf dem Land, ich lebe in einem selbst gebauten Tiny House. Somit gelte ich als alternativ. Doch wozu bin ich eigentlich die Alternative?

Ich stehe auf Technik, lebe aber ohne Zentralheizung.

Ich liebe die Einsamkeit in der Natur, genieße bei meinen Ausflügen in die Stadt aber auch die Vielfalt der Menschen dort. Ich bin für Minimalismus, habe mir aber gerade ein doppelstöckiges Tiny House samt Gemüsegarten zugelegt. Habe ich die Fesseln des Alltags wirklich gesprengt, um mich nun einem neuen Dogma zu ergeben? Ich sehe Wenzel an und frage mich, wie man das Internet als Ganzes so abschreiben kann. In meinem Verständnis müsste man nach der Logik auch die analoge Welt am besten komplett einäschern. Das Internet ist ja nicht nur irgendeine blöde Technik, die uns durch Strahlung alle erkranken lässt. Es eröffnet einen kompletten Kosmos an Möglichkeiten. Die Kommunikation mit unseren Mitmenschen ist heute so leicht wie nie zuvor. Ich bekomme viel besser mit, was in anderen Teilen der Welt so vor sich geht, und wenn ich etwas benötige, vielleicht einen Schneider, dann muss ich mich nicht mehr nur auf die Empfehlung des Nachbarn verlassen, sondern kann selbst ganz entspannt nach einem in der Nähe suchen. Wenn ich mir ein Auto mieten will, dann mache ich das über die digitale Plattform, auf der private Autobesitzer ihre eigenen Vehikel für eine Anmietung zur Verfügung stellen. Ich muss nicht mehr zu einem großen Konzern und alles darüber abwickeln. Wenn ich in einer fremden Stadt etwas essen will, schaue ich spontan auf meiner App, welche Restaurants in der Nähe etwas taugen. Oft sind es genau jene, die mir als Tourist vielleicht gar nicht aufgefallen wären, weil sie in irgendeiner kleinen Seitengasse versteckt sind. Wenn ich ein Land mal mit den Augen eines Einheimischen kennenlernen will, kann ich mich registrieren und über eine Plattform einfach Plätze zum Couch-Surfing finden. Das ist doch cool! Und es ist ja nur die Spitze des

Eisbergs. Selbst so was wie eBay-Kleinanzeigen hilft ungemein. Früher mussten wir uns immer diese kleinen Anzeigenblättchen besorgen, die dann meistens nur für eine kleine Region galten. Jetzt sehe ich auf einen Blick, was in Deutschland so zu haben ist. Ich kann selbst entscheiden, wie weit es sich zu fahren lohnt, und verschiedene Optionen vergleichen. Die globale Vernetzung durch das Internet und die entsprechende Hardware ist hammerhart. I love it. Ja, mir ist natürlich auch klar, dass es genauso viele Risiken wie Chancen an der Stelle gibt. Überwachung, Manipulation von Meinungen und dem Kaufverhalten oder der Suchtfaktor. Alles cool. Ich gehe nicht blind an diese Dinge heran. Ich weiß, dass es auch schädigen kann. Und ich weiß ebenso, dass es etwas anderes ist, mit einem Menschen persönlich zu sprechen oder ihn über Facebook zu liken oder zu kommentieren. Aber es gibt auch in unserer realen Welt Kriege, Verbrechen, Menschen, die nur sich selbst und ihren Vorteil im Blick haben. Das ist schlimm, und wir blicken zu Recht mit Sorge darauf. Dennoch kommen wir nicht auf die Idee, die ganze Welt und alle Menschen in ihr zu verteufeln. Es geschieht jeden Tag auch sehr viel Gutes, im Großen wie im Kleinen. Genauso ist es mit dem Internet. Es ist weder per se schlecht noch gut. Es ist eben, was wir daraus machen. So einfach ist das.

Das Gleiche gilt auch für Städte. Sie sind nicht nur schlecht. Sie haben öffentlichen Nahverkehr, ziehen viele verschiedene Menschen aus unterschiedlichen Ländern an und haben ein riesiges Angebot an Unternehmungen für all diese verschiedenen Menschen. Ganz zu schweigen davon, dass es dort Jobs gibt. Auch universitäre Forschungseinrichtungen finden wir eher in Städten als auf dem

Land. Und ich persönlich freue mich darüber, dass sich andauernd schlaue Menschen Gedanken darüber machen, wie wir Dinge verbessern können – gesellschaftlich, sozialpolitisch, architektonisch, was auch immer. Denn, um es in den Worten der Band Kettcar zu sagen: »Nur weil man sich so dran gewöhnt hat, ist es nicht normal. Nur weil man es nicht besser kennt, ist es nicht, noch lange nicht egal.« Bei den Forschungsvorhaben kommt nicht immer etwas Umsetzbares heraus, aber es findet ein reger Ideenaustausch statt. Das Land ist da einfach etwas langsamer. Das liegt auf der einen Seite daran, dass nicht jedes Stadtproblem auch ein Landproblem sein muss, wie zum Beispiel der Platzmangel. Auf der anderen Seite kümmern sich auf dem Land aber auch einfach weniger Menschen darum, Dinge zu ändern. Für die Politik ist es aufgrund der geringeren Menschen- und damit potenziellen Wählerdichte wohl uninteressant, und die alteingesessene Bevölkerung hat oft kein Interesse an Veränderungen.

In der Stadt betrifft es gleich Hunderttausende. Da ist die Motivation höher. Deswegen dauert jede Innovation etwas länger, bis sie wirklich das Land durchdrungen hat. Bis etwa ein Jahr vor unserem Umzug auf den Bauernhof gab es dort noch kein Internet. Es war einfach uninteressant, keiner dort brauchte es. Heute crasht ständig die Leitung, und die Bandbreite kommt an ihre Grenzen, wenn mehrere Parteien gleichzeitig versuchen, zu surfen oder zu streamen. Ich bin jedes Mal heilfroh, dass wir den Aufwand betrieben haben, uns eine eigene Leitung zu legen.

Aber jetzt bin ich nun mal hier, auf dem Land, in einem Tiny House. Ach so, das darf ich auch nicht sagen. Wenzel schimpft: »Ich versteh gar nicht, was das mit den Tiny Houses alles soll. Wenn ich bedenke, wir haben mit zu den

Pionieren gehört, haben in unseren Bauwägen darum gekämpft, akzeptiert zu werden, dass unsere Art des Lebens Anerkennung findet oder man uns zumindest in Ruhe lässt. Jetzt kommen diese ganzen Tiny-House-Leute, die sich für viel Geld eine schicke Bude kaufen, und profitieren von unseren Kämpfen.«»Öhm, ja eigentlich ist unser Häuschen mal ein Bauwagen gewesen. Wir haben das nicht fertig gekauft.« Mehr fällt mir dazu gerade nicht ein. Ich fühle mich verloren zwischen zwei Welten. Manchmal scheint es, als würden wir von allen Seiten Gegenwind erhalten, als wären wir in keiner der Welten so richtig zu Hause. Stadt oder Land? Alternativ oder Mainstream? Tiny House oder Bauwagen? Immer müssen wir in eine Kategorie, müssen uns eine der Spielwiesen aussuchen. Alles einfach zusammen, das geht nicht. Mit dieser Ansicht ist Wenzel auch nicht allein.

Uns werden auch immer wieder dieselben Fragen gestellt. Einer der Klassiker ist:»Wie heizt ihr denn? Ah, soso, mit Kamin. Und was, wenn eurer Haus abbrennt?« Entschuldigung? Wer in der Geschichte der Menschheit würde so eine Frage stellen, wenn jemand in einem ganz normalen Haus davon erzählt, er heize mit Holz. Da würden alle bloß sagen:»Ach, das ist ja so gemütlich, so ein Feuer. Toll!« Aber bei uns wird dann gleich die grundlegende Fähigkeit zum Überleben infrage gestellt. Das Witzige ist, dass die Menschen es nicht einmal merken. Die wenigsten meinen es wirklich böse, sie denken einfach nicht darüber nach. Wir sind schließlich die, die mit der Norm brechen. Also sind wir quasi in der Erklärungspflicht. Warum machen wir das? Ist das nicht total schrecklich und voller Entbehrungen? Gehen wir uns nicht furchtbar auf den Keks? Vermissen wir nicht die Stadt? Aber eigentlich machen wir viele Dinge so wie früher in der Stadt auch. Wir haben die gleichen Jobs, wir haben das gleiche Auto, wir sind immer noch die gleichen Menschen. Dennoch, wir haben eine Variable geändert: unsere Wohnsituation. Das macht uns zu Sonderlingen, zu Außenseitern. Es ist schon erstaunlich, was für eine große Wirkung so eine kleine Änderung hat. Wären wir einfach in eine größere Wohnung gezogen, wäre alles kein Problem. So macht man es schließlich. Aber das Tiny House auf dem Land? Das ist anders.

So kommt dann eins zum anderen. In der Stadtwelt sind wir alternative Hippies, in der Welt der Alternativen sind wir irgendwie nicht »true« genug. Ich offenbare Wenzel schließlich: »Ich mag die Stadt, ehrlich gesagt, immer noch. Nur weil ich nicht mehr darin wohnen möchte, finde ich sie nicht blöd. Mir tut es ab und zu richtig gut, in den Trubel einzutauchen. Und krank werde ich davon auch nicht. Wenn ich genug habe, kann ich ja wieder fahren. Eigentlich perfekt.«

Wie wunderbar sich Stadt und Land für uns ergänzen, haben wir erst kürzlich wieder erleben dürfen.

Carsten und ich gehen an unserem Jahrestag immer gemeinsam aus. Er muss noch einen Termin mit einem Patienten beenden und kommt mich dann in meinem Hamburger Büro abholen. Ich bin mit meinem Tagessoll bereits durch und öffne mir schon mal ein Bier, um die Wartezeit zu überbrücken. Als er an der Tür klingelt, lasse ich ihn herein und kredenze ihm beim Hereinkommen Kuss und eine Flasche Bier. Wir stoßen an, und nach einem tiefen Schluck packe ich meine Sachen, und wir brechen auf. Wir haben Tickets für eine Akrobatik-Show in einem kleinen Theater in der Hamburger Speicherstadt. Ich stehe wahnsinnig auf solche Shows, Musicals oder das Ballett. Das ist vermutlich der Disneyfan in mir. Vom Büro zum Theater sind wir gelaufen, da beide sehr zentral liegen. Eineinhalb Stunden und ein paar sexy Turneinlagen mit viel Wasser und ein bisschen Slapstick später, stehen wir klatschend von unseren Plätzen auf. Die Show war wirklich gut! Es ist Dezember, und auf dem Weihnachtsmarkt am Spielbuden-platz in Hamburg gönnen wir uns etwas zu essen und den obligatorischen Glühwein. Wir schlendern gemütlich an den Ständen entlang und lassen uns die Kartoffelsuppe schmecken. Es war ein langer Tag. Da wir morgens vom Wendland nach Hamburg hereingependelt sind, sind wir seit etwa fünf Uhr auf den Beinen. So langsam werden wir müde. Zum Glück müssen wir aber nicht mehr zurück-fahren, sondern haben uns ein Hotelzimmer in der Stadt gegönnt. Wenn man statt der horrenden Wohnungsmie-ten in der Stadt nur noch eine vergleichsweise geringe Pacht im Wendland zahlt, kann man sich das hin und wie-der gönnen. Vom Markt aus sind es nur fünf Gehminuten bis zum Hotel. Wir checken ein und fallen hundemüde ins Bett. Am nächsten Morgen flippe ich am Frühstücksbü-fett fast aus. Es gibt Pancakes! Ich baue mir einen Pancake-Turm, übergieße ihn mit Ahornsirup und drapiere noch ein paar Früchte drauf. Dazu gibt es einen Karamell-Mac-chiato, und mit einem äußerst zufriedenen Lächeln setze ich mich zu Carsten an den Tisch, der schon an seinem Bircher-Müsli nascht. Danach schlendern wir wieder Rich-tung Speicherstadt. Ich will noch zum Oberhafen und einen Blick in die Materialverwaltung werfen. In diesem Laden sieht es aus wie in meinem Kopf. Lauter verrückte Dinge stehen dort herum, von gigantischen Kloschüsseln aus Pappmaschee über uralte Telefone und Radios bis hin zu irgendwelchem Schiffszubehör, Teekisten, Geschirr, Möbeln und Stoffen. Wegen der Stoffe bin ich hier, da ich mich immer mal gerne im Nähen versuche. Nach einer Weile kommt die Besitzerin lachend um die Ecke gebogen. Sie hat Carsten und mich gemeinsam reinkommen sehen und weiß daher, dass er zu mir gehört. »Du wirst nicht glauben, was er gerade gekauft hat.« Oha, denke ich nur.

»Ein Pony?«, frage ich.

»Das ginge ja noch«, entgegnet sie geheimnisvoll. Ich schnaufe leise, stopfe die Stoffrolle wieder zurück ins Regal und mache mich auf die Suche nach meinem Mann. Hinter einer Palette mit lauter Kartons undefinierbaren Inhalts hockt er fröhlich lächelnd vor einer mannshohen türkisfarbenen Wurst. Die Wurst stellt sich als Schiffstau heraus, das sechsunddreißig Meter Länge und etwa zehn Zentimeter Durchmesser besitzt. »Schau mal! Das kann ich für ein Battle Rope Work-out nutzen!«, ruft er begeistert. Für alle, die nicht wissen, was es damit auf sich hat: Battle Rope ist eine etwas wunderliche sportliche Ertüchtigung, bei der man in jeder Hand ein dickes Seil hält und dieses irgendwo festbindet. Dann bewegt man Arme und Körper so, dass sich das Seil in Schlangenlinien durch die Luft bewegt. Auf jeden Fall ziemlich anstrengend – erst recht mit einem gigantischen Schiffstau. Auch wenn ich lieber zehn Kubik Holz von alten Nägeln befreien würde, als eine halbe Stunde Schiffstau schwingend im Garten zu stehen, liebe ich Carsten gerade für solche Dinge. Er ist vermutlich der einzige Mensch, mit dem man einkaufen geht und der dann mit einem Tau um die Ecke biegt.

Mittags gehen wir in einem Restaurant mit kleiner Markthalle essen, laden das Tau in den Bulli und fahren wieder zurück ins Wendland.

Am frühen Abend sind wir wieder zu Hause, gerade noch rechtzeitig, um den wundervollen Sonnenuntergang zu genießen. Wir atmen tief ein, während wir in unserem Garten stehen, erst auf das Häuschen gucken und dann wieder auf den Horizont mit dem verschwindenden Feuerball. Wir haben schon mal den Papierstern im Fenster angeknipst, daher dringt ein sanftes, warmes Leuchten vom Inneren des Hauses nach draußen und taucht alles in behagliches Licht. Wir nehmen unsere heißen Teebecher mit auf einen kleinen Abendspaziergang zum Wald und wandern entlang der Felder. Keine Menschenseele begegnet uns, und das Einzige, was wir hören, ist vielleicht mal ein Kauz oder ein Rascheln im Unterholz.

Stadt und Land. Ein bisschen normal, ein bisschen verrückt. Ruhe und buntes Treiben. Das alles dürfen wir an diesen zwei Tagen geballt erleben. Im Einklang miteinander verschmelzen unsere beiden Welten und lassen unsere Herzen vor Freunde springen.

Für Wenzel verschwendete Lebensenergie. Für uns das Gleichgewicht, das wir brauchen. Ich sehe es nicht ein, zu einhundert Prozent auf der einen oder auf der anderen Seite zu stehen. Ja, ich weiß, da ist sie wieder, diese Generation Y. Immer auf der Suche nach einer Extrawurst, Glück und sinnstiftenden Dingen im Leben. Aber was ist daran eigentlich so verwerflich? Wieso ist Glücklichsein, egal bei welchen Grundvoraussetzungen oder mit welchem Lifestyle, so etwas kindlich Naives? Ich treffe wenige erwachsene Menschen, die auf die Frage, ob sie glücklich seien, ganz klar mit Ja antworten können. Dennoch sind es gerade diese unglücklichen Menschen, die mir erklären wollen, wie das Leben auszusehen hat. Wo meine Prioritäten liegen sollten oder um was ich mich vor der Rente noch so alles kümmern müsste. Von Glück allein wird man nicht satt, kann seine Miete nicht zahlen. Das ist schon so. Im Umkehrschluss sehe ich ohne ein bisschen Glück aber auch keinen Grund, einfach weiterzumachen. Was soll das Ganze dann überhaupt? Ich bin in meinem Leben schon ziemlich oft mit meinen Idealen und Wunschvorstellungen auf die Nase gefallen. Das war anstrengend, und es ist längst nicht immer alles so gelaufen, wie ich es mir erhofft habe. Dennoch möchte ich keine dieser Entscheidungen ändern. Scheitern, lernen und einen neuen Weg versuchen – das funktioniert für mich sehr gut. Wenn nicht immer alles perfekt läuft und auch mal was in die Binsen geht, heißt das doch eigentlich nur, dass das Leben spannend ist, unvorhersehbar und eben ein kleines Abenteuer. Und das bedeutet für mich Glück.

Natürlich haben alle Menschen ihr Päckchen zu tragen. Auf alles, was sie in ihrem Leben schätzen, kommt auch etwas, dass sie dafür eben in Kauf nehmen. Das ist doch völlig logisch. Bei uns ist es ja nicht anders. Natürlich finde ich es auch nicht super, morgens um 4:30 Uhr aufstehen zu müssen, wenn ich nach Hamburg ins Büro fahre. Natürlich finde ich es nervig, wenn wieder viele Baustellen auf der Straße sind oder einfach nur extrem viel los ist und ich daher eine halbe Stunde länger in die Stadt benötige als sonst. Natürlich ist es unpraktisch, dass die Apotheken oder Supermärkte hier manchmal noch richtige Mittagspausen haben und ich mit Vorliebe immer gerade dann auf die Idee komme, etwas einkaufen zu wollen. Natürlich habe ich mich darüber aufgeregt, als ich meine tollen Lederstiefel hier auf dem Bauernhof ruiniert habe, als es im Winter ständig nass und matschig war, weil es hier eben einfach weniger betonierte Flächen gibt. Jetzt habe ich Gummistiefel. Problem gelöst. Natürlich ist es auch mit etwas mehr Planung verbunden, hier auf dem Land mobil zu sein. Gar kein Auto zu haben ist schlecht. Ich mache mir Sorgen, was passiert, wenn es mal kaputt ist. Der nächste kleine Regionalbahnhof, an dem die Züge mit Vorliebe einfach mal ausfallen, ist eine knappe Stunde mit dem Fahrrad entfernt. Und natürlich finde ich es manchmal anstrengend, dass hier jeder jeden kennt. Dass man ruckzuck zum Dorfgespräch wird, weil einfach viel weniger los ist und passiert als in der Stadt. Das sind die Dinge, die ich in Kauf nehme. Ich tue das, weil das Positive dennoch überwiegt, und ich kann sagen: Ich habe dieses Leben gewählt, weil es für mich das beste ist, das ich mir vorstellen kann.

Und dann gibt es ja noch das Totschlagargument: Ich habe mit zweiunddreißig ein Eigenheim mit Garten, ohne mich dafür wahnwitzig verschulden zu müssen. Sarah sagt dann natürlich gerne, das sei ja gar kein richtiges Haus. Sie ist mit der Meinung auch nicht alleine. Aber für mich ist es ein richtiges Haus. Eines, das ich in der Stadt so ohne Weiteres nicht hätte bauen können. Es ist ein Haus, das ich quasi ohne professionelle Hilfe bauen konnte, mit meinen eigenen Händen. Ich weiß ganz genau, wo alles ist, wie die Leitungen verlegt sind, wo welche Technik verbaut ist, was in den Wänden steckt. Ich liebe das Gefühl, all diese Details nicht nur aus einem Bauplan auf dem Papier zu kennen, sondern weil ich sie selbst eingebaut habe. Mittendrin statt nur dabei. Dieses Gefühl hat mir das Land ermöglicht. Und wenn ich dann noch ein zweites Mal in die nächste Ortschaft radeln muss, weil vorhin noch Mittagspause war, dann ist das der kleine Preis, den ich gerne zahle.

Genauso gerne zahle ich den Preis, immer mal nach Hamburg reinzupendeln. Hamburg ist einfach eine tolle Stadt! Es macht Spaß, mit Freunden zusammen am Elbstrand zu grillen und dabei am Horizont die gigantischen, beleuchteten Verladekräne des Hafens zu bestaunen. Ich mag Altona und die witzige Mischung aus unterschiedlichen Menschen, die sich dort tummeln. Ich finde den nordischen Schnack klasse. Es gibt kein besseres Wort in der deutschen Sprache als »Moin!«. Es ist kurz, prägnant, und je nach Tonalität kann man entweder seinen Unmut äußern oder seine Freude darüber, den anderen Menschen zu treffen. Ein Wort für alles. Es macht mir auch Spaß, in einem Büro mitten in der City zu sitzen und aus dem Fenster den Turm des St. Nikolai-Mahnmals zu sehen. Die Überreste dieser gotischen Kirche. Oder im Umkreis von hundert Metern dreißig verschiedene Essgelegenheiten nutzen zu können.

Auch auf der menschlichen Ebene finde ich die Gegensätze, die durch mein paralleles Leben in der Stadt und auf dem Lande entstehen, bereichernd. Mit meinen Freunden aus der Stadt kann ich über irgendwelche neuen Apps sprechen, ein kommendes Event oder auch einfach mal nur schnöde über den Job. Auf dem Land, bei den etwas alternativer eingestellten Menschen, sind die Themen eher Natur, eigene Projekte oder auch spirituelle Fragen. Überhaupt ist die geistige, spirituelle, esoterische – wie immer man es nennen will – Komponente hier wesentlich stärker ausgeprägt. Vielleicht ist es nur Zufall, aber möglicherweise haben die Menschen hier einfach mehr Zeit und Ruhe, um sich mit diesen Themen zu beschäftigen. Es ist schwer, in sich hineinzuhorchen, wenn draußen ständig Sirenen losgehen oder Lkws hupen.

So ist es nun. Ich lebe auf dem Land in einem Tiny House. Ich arbeite in der Stadt, und ich genieße es. In Kombination sind diese beiden Welten genau das, was ich momentan brauche, um mich nicht zu langweilen und dennoch die Ruhe und die Natur zu genießen. Es ist ein bisschen wie bei impressionistischer Malerei. Die Seerosen von Monet oder so. Viele Impressionisten wenden die Maltechnik der optischen Mischung an. Anstatt eine Farbe auf ihrer Palette direkt anzumischen, malen sie viele verschiedene Punkte in den Grundfarben dicht nebeneinander. Wenn ich einen Bereich richtig schön zum Leuchten bringen will, setze ich einfach zwei Komplementärkontraste, wie rot und grün, nebeneinander. Von weiter weg verschmelzen die feinen Pinselstriche zu einem Gesamteindruck, und das Bild erstrahlt. So empfinde ich die Wahl meines jetzigen Lebens. Auf den ersten Blick haben Rot und Grün, das Land und die Stadt, nicht viel miteinander zu tun. Sie unterscheiden sich sogar sehr stark. Setzt man sie aber nebeneinander, lässt sie parallel existieren, dann bringen sie sich gegenseitig zum Leuchten.

Das Wendland hat auch, abgesehen von den gerodeten Agrarflächen, wirklich noch eine schöne und gut erhaltene Natur zu bieten. Das liegt einfach daran, dass es bis in die Neunzigerjahre hinein nur aus dem Westen zugänglich war. Der Rest war von der innerdeutschen Grenze umzingelt. Carsten berichtet noch heute, dass sie als Kinder schon mal eine Tischtennisplatte auf der Landstraße aufgebaut haben, da Autos kein Thema waren. Die Straße führte ins Niemandsland, keiner fuhr hier vorbei. Die lange Abschottung und ein Geist aus politisch und sozial aktiven Menschen, prägt den Landkreis bis heute. Hier trifft beides aufeinander. Klassisches Bürger- und Bauerntum, aber auch verrückte Hippies. Das Wendland ist ein Schmelztiegel verschiedener Mentalitäten. Und genau das macht es für mich interessant. Obwohl hier manche Dinge etwas länger brauchen, bis sie sich etablieren, gibt es dennoch eine aktive Szene aus Menschen, die Interesse an neuen Dingen haben und anderen Menschen alternative Lebensweisen ermöglichen.

In diesem Kommen und Gehen, das hier herrscht, fühle ich mich gut aufgehoben. Auf der einen Seite verlassen viele junge Menschen das Land. Klar, sie wollen eine Ausbildung machen, studieren oder einfach nur etwas von der Welt sehen. Das funktioniert nicht, wenn sie in ihrer ländlichen Heimat bleiben. Wenn Ausbildung und die ersten Jahrzehnte Stadtleben jedoch vorbei sind, kommen viele wieder zurück. Andere entscheiden sich ganz neu für das Land. Meistens stammen sie nicht aus Dörfern, sondern aus Städten wie Berlin, Hamburg oder Köln. Das Wendland ist so eine Art buntes Klischee. Viel Platz, viel Natur, viel Ruhe und dennoch eine ausgeprägte Künstler- und Macherszene. Als würde man das Schanzenviertel in Hamburg oder den Friedrichshain in Berlin nehmen und wie einen Pizzateig auseinanderziehen. Würde das Leben zwischen Stadt und Land auch woanders so gut funktionieren? Vielleicht, aber hier bietet es sich geradezu an.

Manchmal fragen mich Bekannte, ob ich denn nun für immer hierbleiben will. Ein bisschen wie bei einem Vorstellungsgespräch: Wo siehst du dich in fünf Jahren? Ich kann dann immer wieder nur antworten: Ich weiß es nicht. Das konnte ich vor dem Tiny-House-Leben allerdings auch nicht, und es ist ja genau der Witz an der Sache. Ich will es nicht wissen. Das Einzige, was ich habe, ist so eine Art innere Liste. Ehrlich gesagt, besteht die aber nur aus

Sachen, die ich noch sehen oder tun will, und nicht aus Dingen, die ich mir anschaffen will. Da gibt es ziemlich leicht umzusetzende Reiseziele wie Irland und Portugal, aber auch etwas aufwendigere Ideen wie die monatelange Panamericana-Tour mit dem Bulli.

Und diese Liste wird sich bestimmt immer mal wieder verändern. Wenn es nur einen Sinn des Lebens gäbe, wären wir Menschen uns vielleicht auch alle ein bisschen ähnlicher, oder? Jeder muss seinen eigenen Sinn finden. Meiner ist das Erlebnis. Egal, wie anstrengend der Bau unseres Hauses war, egal, wie viele Entbehrungen wir in Kauf nehmen mussten, ich würde mich jederzeit wieder dafür entscheiden. Allein schon um des Erlebnisses willen.

Ich mache ein kleines Gedankenspiel und stelle mir vor, ich bin achtzig Jahre alt. Ein junger Mensch sitzt neben mir und fragt mich nach meinen aufregendsten Abenteuern. Möchte ich dann davon erzählen, wie toll es war, als ich eine zehn oder vielleicht auch zwanzig Quadratmeter größere Wohnung bezog? Oder wie ich damals befördert wurde? Sind das die Dinge, die ich in meinem Leben gemacht haben will? Von denen ich dem jungen Menschen berichte, während ich mein Gebiss gerade aus einem Glas fische und mir in den Mund setze, um eine Schale Honeypops zu essen? Oder wie ich damals die Rentenzusatzversicherung abschloss, weil sicher ist sicher? O Gott, ich hoffe doch nicht. Der schläft mir doch nach fünf Minuten ein. Nein. Ich will davon erzählen, was ich alles riskiert habe, was für witzige und auch blöde Dinge passiert sind, welche Menschen ich kennenlernte, was ich mit denen für einen verrückten Kram unternahm. So etwas eben. Kleine und große Abenteuer. Das heißt nicht, dass jeder Tag vollkommen crazy sein muss. Ein bisschen Entspannung zwischendrin ist eine wunderbare Sache. Aber manchmal soll es schon krachen.

Es bedeutet einen sehr hohen Energieverbrauch, immer wieder neue Dinge zu tun, zu lernen und bereit zu sein, alles Bisherige noch mal komplett über den Haufen zu werfen, aber ich finde für mich keine andere Alternative. Sarah sagt mir, sie fände es total mutig, was wir da machten. Einfach so ins kalte Wasser springen und ein neues Leben beginnen, auch noch auf diese Art. Ich denke darüber nach. Ist es wirklich so mutig? Die überraschende Antwort für mich ist: Nein, nicht direkt. Natürlich bin ich nicht vollkommen leichtfertig einfach in diese Situation gestolpert. Dem Tiny House und dem Leben, wie wir es jetzt führen, liegt viel Sinnsuche, Planung und auch Arbeit zugrunde. Der letzte Schritt ist dann aber doch ein Schritt ins Ungewisse. Da hat Sarah recht. Sie interpretiert es als mutig. Aber im Vergleich mit der naheliegenden Alternative empfinde ich es gar nicht unbedingt als mutig. Was wäre gewesen, wenn ich mich mit dem Leben in der Stadt in meiner Mietwohnung abgefunden hätte? Wenn ich diese Parameter nicht geändert hätte, wäre es mir viel schwerer gefallen, aus meinem kleinen Loch herauszuklettern, aber aus dem Loch herauskommen musste ich schließlich. Ich bin ja als eine klassische Vertreterin der Generation Y quasi Sklave meines eigenen Glücks. Eine langfristige Existenz, in der ich nur dahinvegetiere, kommt also nicht in Frage. Das Fazit für mich ist: Ich hatte viel mehr Angst davor, in meiner alten Lebens- und Wohnsituation zu bleiben, als alles zu ändern und zum Winter hin in eine zehn Quadratmeter-Butze mit offenem Dach zu ziehen. Die Entscheidung für das Bauprojekt ist für mich die logischere und auch leichtere Konsequenz aus meinen

Gefühlen. Mir ist das inzwischen sonnenklar, und Carsten geht es genauso.

Wie es weitergeht und was die nächsten Schritte sind? Carsten nervt mich schon die ganze Zeit wegen eines zusätzlichen kleinen Bauwagens. Vielleicht für die Waschmaschine, oder vielleicht stellt er auch einfach eine Massageliege rein. Ich selbst tobe mich fröhlich an verschiedenen kreativen Projekten aus. Hey, ich habe ein Buch geschrieben! Hätte ich das vorhersehen können? Wohl eher nicht. Und da ich keinen Fünf-Jahres-Plan habe, muss ich ihn jetzt auch nicht umschmeißen oder ergänzen. Ich lebe danach, dass ich versuche, die Zeichen zu lesen. Was wirft mir das Universum vor die Füße? Und was kann ich daraus machen? Manchmal ist es gar nicht so einfach zu erkennen. Wie bei dem Witz mit dem Mann, der gerade ertrinkt und Gott darum bittet, ihn zu retten. Drei Fischer kommen vorbei und bieten ihm Hilfe an, doch er lehnt jedes Mal ab mit der Begründung, dass Gott ihm schon zur Hilfe eilen würde. Am Ende säuft er natürlich ab, und Gott sagt so etwa: »Hackt's Alter? Ich schicke dir drei Boote, und du steigst nicht in eines?« Na ja. Auf jeden Fall versuche ich zu erkennen, wenn ein Boot vorbeikommt. Dieses Buch ist wie ein Boot. Ich wäre niemals auf die Idee gekommen, einfach eines zu schreiben, aber die Dinge haben sich dahin entwickelt, und mit meinem Interesse an neuen Erfahrungen war es ein schöner nächster Schritt. Seit unserem Lebenswandel haben wir viele neue Menschen kennengelernt und unsere Routine vollkommen durchbrochen. Ich kann nicht absehen, was sich daraus noch alles ergeben wird, und ich bin sehr froh darüber. Immerhin ist es kein Abenteuer, wenn ich den Ausgang schon kenne.

Mal abgesehen davon, sind wir ja auch noch nicht so ganz fertig. Ja, ich spiele auf die Dusche an. Ich gebe zu, sie wartet noch auf unsere liebevollen Hände. Aber Jason, der Erfinder, will uns bald ein paar Teile für den Bau zukommen lassen. Dann haben wir keine Ausrede mehr und können wieder loslegen. Und die Geschichte mit der Solar- und Windenergie will ich auch noch ausprobieren. Was haben wir eigentlich für einen Verbrauch, und wie viele Panels oder Windräder brauchen wir? Es gibt noch so viele Dinge, die ich lernen möchte. Jetzt wird es erst mal Zeit, mich wieder meiner Kräuterapotheke zu widmen. Auf der Liste steht eine Salbe aus Spitzwegerich. Der wächst ja auch überall. Gegen Husten, Mückenstiche und Wunden. Genial, oder? Quasi Tiny-House-konform, eine Salbe für alles. Und danach? Wir werden sehen. Vielleicht bauen wir einfach immer weiter, bis wir ein Dorf aus verschiedenen Tiny Houses hier stehen haben. Einen alten Eisenbahnwaggon, ein Weinfass, einen fahrunfähigen VW T1 und ein Floß – was können wir wohl alles zum Wohnen umbauen? Oder aber wir stehen dann immer noch staunend am Feldrand und beobachten einfach nur den Sonnenuntergang. Das erscheint mir genauso verlockend.

Dank

 Mein Dank gilt vor allem und für immer meinem Mann und Lieblingsmenschen Carsten. Ohne seine Verrücktheit, seine Liebe, seinen Willen und seine Freundschaft wäre ich heute vermutlich ein ganz anderer Mensch und längst nicht so glücklich. In einem selbst gebauten Tiny House würde ich wohl auch nicht leben.

Außerdem möchte ich allen Menschen danken, die unser Projekt entweder mit lieben und stärkenden Worten, mit eigener Arbeitsleistung oder mit Materialspenden unterstützt haben. In einer für uns sehr anstrengenden und aufregenden Zeit habt ihr euch entschieden, uns Mut zu machen und uns nicht sorgenvoll zu begegnen. Erhaltet euch diese Energie, die Offenheit, die Neugier und die Freude am Neuen.

Und zu guter Letzt möchte ich meinen Eltern danken. Sie verstehen nicht immer was ich tue und was mich bewegt, aber sie haben schon früh den Grundstein für den Menschen gelegt, der ich heute bin. Weil wir stets in Städten lebten, wollten sie meinem Bruder und mir den Zugang zur Natur ermöglichen. Ein Campingplatz inmitten eines Naturschutzgebietes wurde unsere Freizeitzuflucht, der Ort, an dem wir Kinder herumtoben und alles auf eigene Faust erkunden durften. So umgaben mich Stadtkind – noch bevor ich laufen konnte – Bäche, Wälder und Tiere. Was ich damals zu lieben gelernt habe, eroberte ich mir mit unserem Entschluss für das Leben im Tiny House heute wieder zurück. Ich hab euch lieb!